지질공학

Geological Engineering

KB077907

지질공학

Geological Engineering

백환조, 박형동, 여인욱 저

씨아이알

본 교재는 산업통상자원부와 해외자원개발협회가 추진하는
자원개발특성화대학사업의 지원을 받아 개발되었습니다.

Geological Engineering

01 서론

02 광물과 암석

03 지질구조와 해석

04 지하수

05 기초 역학

06 흙의 공학적 특성

07 암석의 공학적 특성

08 불연속면과 암반의 분류

09 지반조사

10 지질공학적 현상과 응용

01 서론

01 서론

1.1 지질공학이란?

지질공학은 자원개발이나 토목공사의 대상이 되는 지반의 부지 특성을 파악하기 위해 암석과 흙의 지질학적인 과정 및 현상을 공학적으로 조사하고 분석하는 학문 분야이다. 따라서 지질학의 기본 지식들을 이해하고 동시에 공학적인 개념을 가지고 정성적, 정량적으로 분석하는 기술을 포함한다.

지질공학이 다른 공학 학문 분야와 가장 차이가 나는 부분은 다루는 대상물에 있다. 즉, 일반적인 공학에서 다루는 재료는 인위적으로 만든 공학 재료인 반면(예: 철근, 시멘트, 금속, 세라믹, 플라스틱 등), 지질공학의 대상이 되는 지반이라는 재료(암석, 흙, 지하수를 포함)는 자연적으로 생성된 재료를 다룬다. 인위적 공학 재료는 공학적 성질이 비교적 일정하게 제작되었으며, 제작 시기가 과거 50년, 100년 이내 정도인 반면, 암석과 같이 지반을 구성하는 재료는 제작 시기가 적어도 수만 년 이상 오래되었고 생성 이후 수만 년 동안 지각작용이나 풍화반응 등을 겪으면서 원래의 성질과는 다른 공학적 성질을 지니게 되었다. 현재 상태에서 자원개발이나 건설공사의 대상이 되는 암석이나 흙의 공학적 특성을 파악하기 위해서는 지질학적인 과거 과정을 이해하고, 그 과정이 암석이나 흙의 공학적 특성에 끼친 영향을 파악하는 별도의 과정이 필요하다.

학문으로서의 지질공학의 역사는 훨씬 더 이전에도 부분적으로 진행되었지만 세계적인 학문적 기반을 갖추기 시작한 것은 1960년대 중반으로 거슬러 올라간다. 이전까지 지반에 건설되는 각종 건축물이나 댐과 같은 토목 구조물 설계 시 '지반은 단단하고 견고한 것'으로 간주되어 어떤 지반인지 조사도 없이 단순히 구조물을 지었다. 결국 1960년대 중반 몇 가지 대형 지반 사고가 발생함에 따라(예: 이태리 바욘트 댐 사면의 파괴로 인한 인명 피해, 프랑스 말빠세 댐의 파괴, 영국 웨일즈 아버판 산사태로 인한 초등학생들의 죽음 등) 지반은 더 이상 무조건 단단하지는 않다는 인식이 널리 퍼지게 되었다. 이로 인해 학계와 산업계에서는 지질공학, 암반공학, 토질공학 세 분야의 학문적 정립을 시작하여 국제학회를 설립하였다(세 학회는 각각 IAEG, ISRM, ISSMGE로 약칭). 미국지질공학회(AEG)는 1957년 몇몇 학자들의 필요성을 제기로 출발하였다.

1.2 지반의 요소

지반을 이루는 물질은 고체 상태인 암석과 이로부터 풍화된 산물인 흙 외에 지하수로 구성되어 있다. 특히 지하수는 암석과 흙의 공학적 성질에 영향을 미치므로 주요 분석 대상이다. 또한 지반은 시간이 지남에 따라 암석이 풍화하고, 흙이 침식되거나 운반 및 퇴적되어 다지는 현상으로 인해 장기간에 걸쳐서 지반은 생성되고, 소멸되는 반복 작용을 거친다. 따라서 지질공학적 조사에서는 암석을 대상으로 하는 공학적 분석, 흙을 대상으로 하는 공학적 분석, 지하수를 대상으로 하는 공학적 분석이 필요하다.

1.3 지질공학의 활용

지질공학은 에너지자원 개발 시 활용되는 기술이다(그림 1.1). 예를 들어 시추조사 시 지하의 지질구조에 대한 해석과 지반을 구성하는 암석의 흙 강도를 분석하고, 지하수위를 해석하는 내용을 포함한다. 또한 석재자원의 공학적 특성을 조사하는 것, 갱도의 공학적 안정성을 분석하는 것, 갱내의 지하수 출수, 갱도에 따른 지반 침하, 산사태와 채석장의 사면안정 해석 등을 포함한다.

(a) 경남 밀양의 납석노천채굴광산(사면안정성 유지 필요)

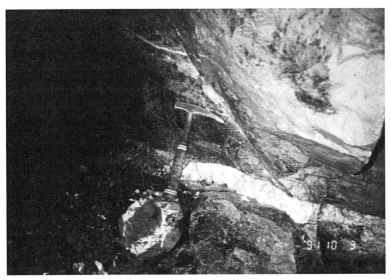

(b) 강원도 상동 중석광산 내 석영맥(주변 지반에 비해 강도가 차이남)

그림 1.1 에너지자원 개발 시 지질조건의 공학적 분석의 필요성

지질공학이 토목건설에서 활용되는 예를 들면 그림 1.2, 시추를 통해 지하의 지반
조건(지질구조, 지하수위 등)을 해석하는 것, 도로 절취사면의 안정성을 조사하고
해석하는 것, 터널 공사 시 사전에 지반조건을 파악하여 붕괴나 출수사고를 예방
하는 것, 댐 공사 시 튼튼한 기초 지반을 확보하고 건설에 필요한 골재자원의 위치
를 확보하는 것을 포함한다.

그림 1.2 지반을 대상으로 하는 토목건설 공사

Geological Engineering

02 광물과 암석

02 광물과 암석

지구는 대기권(atmosphere)과 수권(hydrosphere), 암석권(lithosphere), 내권(interior) 등으로 구분되며 내권은 다시 맨틀과 핵으로 나뉜다. 지구의 표면은 물과 표토(regolith) 및 암석으로 구성되고, 하부는 지각과 맨틀, 외핵, 내핵 등으로 구분한다. 지각을 이루는 물질의 기본 단위가 광물(mineral)이며, 여러 광물들이 모여서 암석(rock)을 이룬다. 지각의 두께는 대략 100km 이하이고 주로 규산질 암석으로 구성되어 있다. 맨틀은 두께가 2,800km 내외이며 반고체 상태의 철규산염(iron silicate) 성분으로 이루어져 있다. 지각과 맨틀의 경계를 모호면(The Moho 또는 Mohorovicic discontinuity)이라 한다.

지질공학에서는 대상이 되는 지반을 구성하는 물질의 근원이 되는 암석에 대한 지질학적인 이해와 공학적인 응용지식을 필요로 한다. 본 장에서는 암석 및 이를 이루는 광물에 대한 지질학적인 성질을 파악하고, 국내에 분포하는 대표적인 암종을 대상으로 지질공학적 특성을 살펴본다.

2.1 광물

2.1.1 조암광물

광물은 일반적으로 '**일정한 화학조성과 규칙적인 격자구조를 갖는 천연상의 고체 무기물**'로 정의된다. 예외로는, 유기적인 생성기원을 갖는 석탄이나 석유, 또한 액체 상태로 존재하는 수은도 광물에 포함된다. 대부분의 광물은 적절한 압력과 온도 환경에서 인공적으로 만들 수 있으며, 이때 '인조(artificial)'나 '합성(synthetic)'이라는 용어를 사용하여 천연광물과 구별한다.

암석은 대개 여러 종류의 광물들로 구성되어 있다. 암석의 성질은 구성 광물의 성질에 따라서 크게 좌우된다. 암석을 구성하고 있는 광물들을 조암광물(rock-forming minerals)이라고 한다. 대표적인 조암광물을 광물군으로 묶어 표 2.1과 같이 요약할 수 있다. 조암광물은 대부분 규산염(silicates) 광물들이며, 이 밖에 탄산염광물, 산화광물, 수산화광물 및 황화광물 등이 있다. 규산염광물은 전체 광물 종류의 40% 이상을 차지하며, 기본 구조 단위인 SiO_4 사면체의 결합 방식에 따라 다양한 종류가 있다. 대표적인 조암광물은 석영(quartz), 장석(feldspars), 운모(micas), 감람석(olivines), 각섬석(amphiboles), 휘석(pyroxenes), 장석류(feldspathoids) 등이다(그림 2.1).

그림 2.2는 고온의 마그마가 냉각되면서 주요 규산염광물들이 생성되는 순서를 나타낸다. 이를 Bowen의 반응계열이라고 한다. 연속계열(continuous series)이란 균질한 고용체(homogeneous solid solution)로부터 여러 종류의 광물들이 차례로 결정화되는 경우로서, 화학조성은 다르지만 격자구조는 유사하다. 이와는 반대로 불연속계열(discontinuous series)은 화학조성뿐만 아니라 격자구조도 전혀 다른 경우다.

표 2.1 대표적인 조암광물

	석영	SiO_2
규산염광물	흑운모	$K(Mg, Fe)_3AlSi_3O_{10}(OH)_2$
	백운모	$KAl_2(AlSi_3)O_{10}(OH)_2$
	사장석	$(Na, Ca)Al(Si, Al)Si_2O_8$
	알칼리 장석	$(Na, K)AlSi_3O_8$
탄산염광물	방해석	$CaCO_3$
	백운석	$(Ca, Mg)CO_3$
산화광물	적철석	Fe_2O_3
	자철석	Fe_3O_4
	보크사이트	$Al_2O_3 \cdot 2H_2O$
	갈철석	$Fe_2O_3 \cdot H_2O$
황화광물	황철석	FeS_2
	황동석	$CuFeS_2$
	방연석	PbS
황산염광물	석고	$CaSO_4 \cdot 2H_2O$
	경석고	$CaSO_4$
할로겐광물	형석	CaF_2
	암염	$NaCl$
원소광물	금	Au
	황	S
	흑연	C
	금강석	C

감람석(olivine)

휘석(pyroxene)

각섬석(hornblende)

흑운모(biotite)

정장석
(potassium feldspar)

석영(quartz)

그림 2.1 주요 조암광물의 예

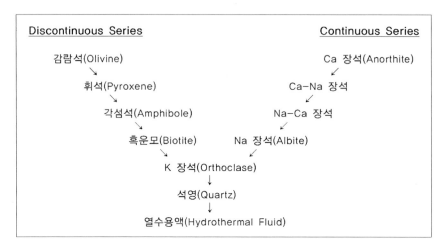

그림 2.2 Bowen의 반응계열

냉각이 진행되면서 마그마에 포함되어 있던 Mg, Fe, Ca 성분들이 모여 감람석이나 휘석, 각섬석 또는 Ca-사장석 등과 같은 광물들이 먼저 정출된다. 냉각이 어느 정도 진행된 저온의 마그마는 원래의 마그마와는 화학 조성이 다르며 이 마그마로부터 흑운모, Na-사장석, 정장석, 백운모 등이 정출되고 마지막으로 석영이 정출된다. 광물의 결정화는 약 1200~600℃ 사이에서 일어난다. 용융점이 높은 광물들이 먼저 결정을 이루며, 잘 발달된 결정면들을 갖는다. 그러나 낮은 온도에서 결정화가 진행되는 광물들은 초기에 결정을 이룬 광물들 사이의 공간에서 성장하므로 결정의 형태가 불규칙하며 잘 발달된 결정면들을 갖기 어렵다. Mg나 Fe 등의 원소를 많이 포함하는 광물(ferro-magnesian minerals)들은 대체로 어두운 색을 나타내므로 유색광물(mafic mineral)이라고 한다. 이와는 반대로 Si나 Al 성분이 많은 광물(sialic minerals)들은 무색이나 백색, 또는 밝은 색을 나타내므로 무색광물(felsic mineral)이라고 한다.

2.1.2 결정과 결정형

원자 또는 이온들은 규칙적인 배열에 따라서 광물결정을 이룬다. 결정은 일반적으로 그림 2.3과 같이 평탄한 면에 둘러싸여 있는데, 이 면을 결정면(face)이라 하며 서로 평행하지 않은 두 결정면이 만나서 이루는 선을 능(edge)이라고 한다. 세 개 또는 그 이상의 능이 만나면 하나의 점이 생기는 데 이를 우각(corner)이라고 한다. 결정면과 능, 그리고 우각을 결정의 3요소라고 하며 결정들은 이 3요소의 종류와 수에 따라 여러 형태를 나타낸다. 결정면(f), 능(e), 그리고 우각(c) 사이에는 $f+c=e+2$의 관계가 성립한다.

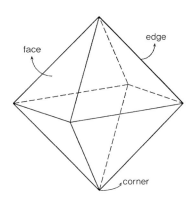

그림 2.3 결정의 요소

결정형은 결정의 외형을 말하며 암석 현미경을 사용하여 광물을 구별하는 기초가 된다. 그러나 서로 다른 광물들도 동일한 결정형과 격자구조를 나타내기도 한다. 광물이 자유로운 환경에서 성장을 한 경우에는 완전한 형태의 결정을 이루는데 이를 '자형(euhedral)'이라고 한다. 이와는 반대로 제약된 환경 하에서 결정형이 부분적으로만 이루어진 경우를 '반자형(subhedral)', 그리고 결정형을 전혀 이루지 못한 경우를 '타형(anhedral)'이라고 한다.

2.1.3 결정의 대칭과 결정계

결정의 외형은 독특한 대칭(symmetry)을 보이기 때문에 이러한 대칭현상을 통해 다른 결정들을 분류할 수 있다. 결정의 대칭요소에는 그림 2.4와 같이 대칭면, 대칭축, 그리고 대칭심 등이 있다. 결정의 형태가 달라도 동일한 광물은 항상 동일한 대칭요소들을 유지하는 데, 이를 대칭의 법칙이라고 한다.

대칭면(plane of symmetry)은 한 평면을 따라 결정을 둘로 나누었다고 가정할 때 양쪽의 결정면, 능, 우각들이 서로 대응하는 위치에 있는 절단면을 말한다. 또한 결정을 지나는 하나의 직선을 축으로 하여 결정을 회전시켰을 때 동일한 형태가 반복되어 나타날 경우 이 축을 대칭축(axis of symmetry)이라고 한다. 마지막으로, 결정의 중심을 지나는 임의의 직선을 그었을 때 그 직선 위에 중심으로부터 같은 거리에는 결정의 각 부분이 똑같이 반복될 때 이 결정의 중심을 대칭심(center of symmetry)이라고 한다.

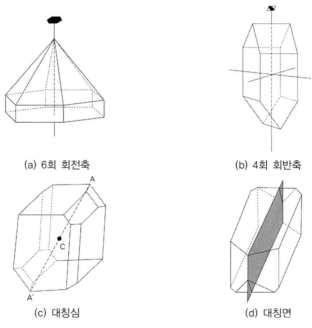

(a) 6회 회전축   (b) 4회 회반축

(c) 대칭심   (d) 대칭면

그림 2.4 대칭의 요소

공간상의 입체인 결정이 갖는 결정면, 능 및 우각의 위치를 체계적으로 나타내기 위하여 최소한 결정을 통과하는 3개의 기준 축을 설정한다. 이 기준 축들은 모두 결정의 중심을 통과하는 데 이들을 결정축(crystallographic axis)이라고 한다. 일반

적으로 하나의 결정을 나타내기 위한 결정축들은 결정이 갖는 대칭축들과 일치한
다. 그림 2.5와 같이 결정축은 보통 3개이며 a, b, c로 나타낸다. 두 축이 만나서
이루는 각을 축각(axial angle)이라고 하며 α, β, γ 등으로 나타낸다.

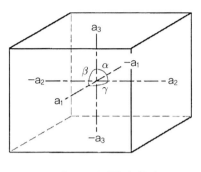

그림 2.5 결정축과 축각

이러한 결정축과 축각들 사이의 관계에 따라 모두 6가지의 결정구조의 형태가 구
성되고 이를 6정계(crystal system)라고 한다. 표 2.2는 이러한 6정계의 특징과 대
표적인 광물의 예를 나타낸다.

2.1.4 유질동상과 동질이상

화학조성은 다르지만 동일한 결정구조를 갖는 광물들을 유질동상(isomorphism)이
라고 한다. 예를 들면 방해석($CaCO_3$)과 능철석($FeCO_3$)은 서로 다른 화학조성을 가
지고 있으나 동일한 결정구조(능면체)를 보인다. 이와는 반대로 화학조성은 같지
만 결정구조가 서로 다른 경우를 동질이상(polymorphism)이라고 한다. 동질이상
의 대표적인 예는 흑연과 다이아몬드를 들 수 있다. 이 두 광물들은 모두 탄소(C)
로 이루어져 있으나, 자연 상태에서 결정형이 육방정계와 등축정계로 다르며, 아
주 다른 물리적 성질을 나타낸다. 한편, 광물의 결정구조나 외형은 그대로 유지하
면서 화학조성이 일정한 범위에서 변화하는 광물들을 고용체(solid solution)라고
한다. 예를 들면 사장석 계열은 특히 Na와 Ca의 비율이 조금씩 변하면서 알바이트
(Na-사장석)부터 아노르싸이트(Ca-사장석)까지 수많은 광물들이 존재한다.

표 2.2 6정계의 특징과 광물의 예

결정계	축의 길이	축각	최소 대칭요소	광물 예
등축정계	$a_1=a_2=a_3$	$\alpha=\beta=\gamma=90°$	4개의 3회 회전축, 또는 회반축	다이아몬드, 자철석
정방정계	$a_1=a_2 \neq c$	$\alpha=\beta=\gamma=90°$	1개의 4회 회전축, 또는 회반축	저어콘, 회중석
사방정계	$a \neq b \neq c$	$\alpha=\beta=\gamma=90°$	서로 수직인 3개의 2회 회전축	황옥, 황
육방정계	$a_1=a_2=a_3$	$a_1 \wedge a_2 = a_2 \wedge a_3 = a_3 \wedge a_1 = 120°$ $a_1 \wedge c = a_2 \wedge c = a_3 \wedge c = 90°$	1개의 6회 회전축, 또는 회반축	석영, 방해석
단사정계	$a \neq b \neq c$	$\alpha=\gamma=90° \neq \beta$	1개의 2회 회전축, 또는 회반축	석고, 정장석
삼사정계	$a \neq b \neq c$	$\alpha \neq \beta \neq \gamma \neq 90°$	–	사장석, 남정석

2.1.5 광물의 성질

광물은 화학적 조성이 일정하고 구성 원자들이 규칙적으로 배열되기 때문에 광물의 종류에 따라 각각 독특한 물리적, 화학적, 광학적 특성을 나타낸다. 같은 광물은 기원에 관계없이 이러한 특성들이 일정하게 유지되므로 서로 다른 광물들을 구별하는 중요한 기준이 된다.

광물의 물리적 성질에는 색이나 조흔색, 광택, 투명도와 같은 빛에 따른 성질과 쪼개짐(cleavage)과 깨짐(fracture), 경도(hardness), 점착성(tenacity) 등 원소들의 응집력에 따른 성질이 있다. 이중 경도는 마찰에 대한 저항도를 말하며 표 2.3의 Mohs 경도계에 따라 상대적인 경도를 나타낸다. 이 외에도 용융점이나 해리점(dissociation point)과 같은 열에 따른 성질과 전기적·자기적 성질 및 비중 등이 광물의 물리적 성질에 속한다.

표 2.3 Mohs 경도계

Hardness	Mineral	Hardness	Mineral
1	활석(talc)	6	장석(orthoclase)
2	석고(gypsum)	7	석영(quartz)
3	방해석(calcite)	8	황옥(topaz)
4	형석(fluorite)	9	강옥(corundum)
5	인회석(apatite)	10	금강석(diamond)

광물은 일정한 화학식으로 표시하는 화합물로서 독특한 화학적 특성을 나타낸다. 광물의 화학식은 광물을 구성하는 원소들의 상대적인 결합 비로, 광물의 화학조성이나 결정구조에 대한 정보를 나타낸다. 광학적 특성이란 빛이 광물을 투과하거나 광물의 표면에서 반사할 때 나타나는 여러 현상들을 말한다. 광물들은 반사, 굴절, 복굴절 등의 독특한 현상을 보여주며, 이러한 광학적 특성들은 현미경을 사용한 광물 감정에 중요한 기준이 된다.

2.2 암석

암석이란 한 가지 이상의 광물들이 결합하여 이루어진 것이다. 암석은 기원에 따라 화성암, 퇴적암, 변성암으로 구분된다. 지각을 구성하는 대부분의 암석은 화성암이지만 지표에 노출되어 있는 암석은 퇴적암이나 풍화의 잔류물이 주를 이룬다. 그림 2.6은 자연계에서 일어나는 암석들의 변화과정이다. 암석은 구성광물의 종류나 암석조직 등에 따라 다양한 역학적 특성을 나타낸다.

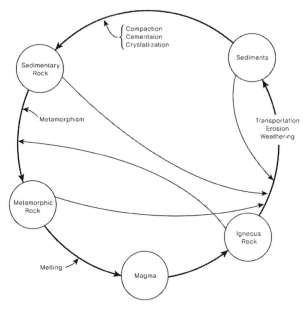

그림 2.6 암석의 순환(rock cycle)

2.2.1 화성암

화성암(igneous rocks)은 마그마의 화성활동에 따라 생성된다. 화성암은 크게 마그마가 지표로 분출하여 급속히 냉각해 형성된 화산암(volcanic rock)과 지하 심부에서 마그마가 서서히 냉각하면서 형성된 심성암(plutonic rock)으로 나눌 수 있다.

화산암은 지표로 분출된 마그마가 가스 성분을 잃으면서 굳어진 것으로 화산의 화구나 지각의 틈으로 흘러나와 지표에서 굳어진 용암류(lava flow)와 화산 폭발로 튀어나온 먼지, 암석 부스러기, 용암의 파편들이 지표나 물속에 떨어진 후 굳어서 생긴 화산암 층의 형태로 나타난다. 심성암은 형성 위치에 따라 반심성암과 심성암으로 다시 분류하는 데, 지표에 나타나는 형태 및 주변 암석과의 구조적 관계에 따라 여러 가지로 나눌 수 있다. 암맥(dyke)은 기존 암석에 존재하는 절리나 단구 등의 틈을 따라 관입한 화성암체를 말한다. 암맥의 관입이 일어나는 과정에서 주변 암석의 조각들이 암맥 중에 포함되는 경우가 있으며, 이를 포획암(xenolith)이라고 한다. 암상(sill)은 퇴적암의 층리면에 평행하게 관입한 것으로써, 형태에 따라 병반(laccolith)이나 페콜리스(phacolith)로 분류된다. 마지막으로 저반(batholith)은 지하에서 대규모의 마그마가 서서히 냉각되면서 이루어진 커다란 심성암체이다.

1) 화성암의 성분

전체 화성암의 약 99%는 8가지의 원소, 즉 O, Si, Al, Fe, Ca, Na, K, Mg로 구성되어 있다. 이러한 원소들은 규산질 조암광물들의 격자구조 내에 포함되어 석영, 장석, 운모, 감람석, 휘석, 각섬석 등을 형성한다. 이 6가지의 광물들은 전체 화성암 부피의 95% 이상을 차지하며 화성암의 분류나 기원을 연구하는 데 매우 중요하다 (표 2.4).

2) 화성암의 조직

암석을 이루는 광물입자들의 크기, 형태, 그리고 입자들 사이의 공존관계 등의 특징을 조직(texture), 또는 석리(fabric)라고 한다. 화성암의 조직은 주로 마그마의 성분과 냉각속도에 따라 좌우된다. 마그마가 열의 발산이 비교적 적은 지각 내부의 깊은 곳에서 느린 속도로 냉각되면 조암광물의 결정입자들이 크게 성장한다. 그러나 마그마가 지표에 분출되어 빠른 속도로 냉각되면 광물들의 결정은 크기가 매우 작거나 전혀 성장하지 못한다.

표 2.4 화성암의 주요 광물

광물	화학식	색	경도	비중
Quartz	SiO_2	무색	7	2.7
Feldspar	$(K, Na, Ca)(Al, Si)_4O_8$	백색	6	2.6
Muscovite	$KAl_2AlSi_3O_{10}(OH)_2$	무색	2.5	2.8
Biotite	$K(Mg, Fe)_3AlSi_3O_{10}(OH)_2$	흑색, 짙은 갈색	2.5	2.9
Mafics	Fe-Mg silicates	흑색, 짙은 갈색	5 ~ 6	> 3.0

현장에서의 관찰이나 실험을 통해 규산염은 풍부한 산성 마그마의 점성도가 큰 것이 특징이며 지하 심부에서 서서히 냉각되는 경우가 많다. 대표적인 것으로 화강

암으로 이루어진 대규모의 저반(batholith)을 들 수 있다. 반면에, 규산염 성분이 적은 염기성 마그마는 점성도가 작고 흔히 지상으로 분출되어 현무암질의 용암류 (lava flow)를 이룬다. 마그마의 점성도는 다시 마그마에 포함된 휘발성 물질, 예를 들면 수증기 등의 양에 영향을 받는데, 일반적으로 휘발성 물질이 많은 마그마가 점성도가 작다.

화성암에서 볼 수 있는 조직의 종류는 다음과 같다.

① 현정질 조직(phaneritic texture) : 광물입자들이 육안으로 구별할 수 있을 정도로 큰 경우를 말한다. 이것은 마그마가 지하 깊은 곳에서 서서히 냉각되면서 광물들의 결정화가 진행되었음을 알 수 있다. 입자들의 크기는 대부분 일정하며 크기에 따라 조립질(2mm 이상), 중립질(2∼1/16mm), 그리고 세립질(1/16mm 이하)로 나뉜다.

② 비현정질 조직(aphanitic texture) : 마그마가 비교적 빠르게 냉각되면 광물이 결정이 커질 수 있는 충분한 시간적 여유가 없으며, 이 경우에는 광물입자들의 크기가 작아서 육안으로 구별하기가 어렵다. 따라서 암석 현미경을 사용하여 광물 감정을 한다.

③ 반상 조직(porphyritic texture) : 입자가 큰 광물의 결정들이 다른 종류의 미세한 광물입자들과 혼합되어 있는 형태를 말한다. 이것은 서서히 냉각되던 마그마가 갑자기 급속하게 냉각되었음을 나타낸다. 마그마가 서서히 냉각될 때 형성된 조립질의 결정을 반정(phenocryst)이라 하며 후기의 세립질 입자들을 석기(matrix, 또는 groundmass)라고 한다.

④ 유리질 조직(glassy texture) : 광물의 결정이 전혀 성장할 수 없을 정도로 마그마가 급속히 냉각되었을 때 형성되며, 예를 들면 마그마가 바다나 호수로 흘러 들어 간 경우이다. 입자들은 현미경을 통해서도 구별할 수 없을 만큼 작으며, 암석은 유리와 비슷한 조직을 갖는다.

⑤ 쇄설성 조직(clastic texture) : 쇄설성 석리는 큰 블록이나 아주 미세한 먼지 입자에 이르기까지 깨지고 모난 암석 파편들로 이루어져 있다. 또한 마그마가 분출할 때 주변에 있던 암석의 조각들이 포함되기도 하는 데 대부분 화산재나 부석(pumice), 또는 비현정질 조직을 갖는 암석의 조각들로 구성되어 있다.

3) 화성암의 분류

화성암은 산출 형태에 따라 화학성분이 다양한 종류를 갖는다. 화성암의 분류는 여러 가지의 기준이 제시되어 있으나, 가장 효과적이며 유용한 방법은 암석의 조직과 광물조성에 따른 분류이다. 화성암을 구성하고 있는 광물의 종류는 기원이 된 마그마의 성분을 반영하며, 조직은 생성과정에서의 마그마의 냉각 형태와 고결 심도를 나타낸다.

표 2.5 화성암의 종류와 분류 기준

Origin	Texture	Mineral Composition(%)		
		Q : < 30% K : 15 ~ 80% Pl : 5 ~ 50% B : < 5% A : < 3% Py : < 5% O : −	Q : < 25% K : < 15% Pl : 50 ~ 80% B : < 5% A : 3 ~ 20% Py : < 35% O : −	Q : − K : − Pl : 30 ~ 60% B : − A : < 10% Py : 30 ~ 60% O : < 40%
Extrusive	Pyroclastic	Tuff(응회암), Brecci(각력암)		
	Glassy	Obsidian(흑요석 : massive), Pumice(부석 : frothy)		
	Aphanitic	Rhyolite(유문암)	Andesite(안산암)	Basalt(현무암)
Extrusive/ Intrusive	Porphyritic	Porphyritic Granite(화강반암)	Porphyritic Diorite(섬록반암)	Dolerite (조립질 현무암)
Intrusive	Phaneritic	Granite(화강암)	Diorite(섬록암)	Gabbro(반려암)

*Q : Quartz, K : K-feldspar, Pl : Plagioclase, B : Biotite, A : Amphibole, Py : Pyroxene, O : Olivine

화성암의 분류는 암석조직, 유색광물의 함량, 장석의 종류와 함량, 그리고 석영의 함량 등 4가지의 기준에 따라 이루어진다. 화성암을 때로는 산성암, 중성암, 그리고 염기성암 등으로 분류하기도 하는데, 산성암(felsic rock)이란 유색광물은 거의 없고 66% 이상이 석영으로 구성되어 유백색이나 옅은 회색을 띠는 암석을 말한다. 유색광물들이 상당히 포함되어 있고 석영의 함량이 52~66%이며 짙은 회색을 띠는 경우를 중성암(intermediate rock), 그리고 유색광물들이 아주 많이 포함되어 있으며 석영의 함량이 45~52%인 경우에는 아주 짙은 회색이나 검은 색을 나타내는 염기성암(mafic rock)이 된다. 표 2.5는 야외에서 흔히 관찰할 수 있는 화성암을 산출 형태에 따라 분류한 것이다. 이 표에서 가로축은 구성 광물들을, 세로축은 암석조직에 따른 구분을 나타낸다.

(1) 화강암과 유문암

K, Si, Na 등이 풍부하고 Fe, Mg, Ca의 함량이 적은 마그마로부터 형성되며, 밝은 색을 나타낸다. 주요 조암광물은 석영, 정장석, 그리고 흑운모 등이며 사장석이나 각섬석 등이 소량으로 포함된다.

① 화강암: 가장 흔한 화성암으로서 현정질 조직을 갖는다. 흑운모나 각섬석, 그리고 사장석 등 초기에 형성된 광물들은 잘 발달된 결정 형태를 나타내지만, 석영이나 정장석과 같이 후기에 형성된 광물은 결정형의 발달이 부족하다. 화강암에 포함된 반정들은 대부분 분홍색의 정장석이며 이러한 반정들이 많이 포함된 경우에는 화강반암(porphyritic granite)로 분류한다. 대부분의 화강암은 옅은 회색을 띠지만 분홍색의 정장석이 많은 경우에는 분홍색이나 붉은색을 나타낸다.

② 유문암: 지표나 지표 근처에서 형성되는 세립질의 암석으로서 화강암과 비슷한 광물 및 화학성분을 가진 분출암이다. 백색이나 회색, 또는 분홍색이며 거의 대부분 장석이나 석영의 반정을 2~10% 정도 함유하는 것이 특징이다. 이러한 반정이 전체부피의 10% 이상인 경우에는 유문반암(porphyritic rhyolite)로 분류한다. 약간의 반정들을 제외하면 유문암은 주로 비현정질 조직을 나타내는 데, 현미경을 통해 관찰하면 물이 흐르는 듯한 유상구조를 보이고 상당한 양의 유리질 물질들도 포함하고 있다.

(2) 섬록암과 안산암

주요 조암광물은 사장석으로 전체의 55~70%를 차지하는데, Na-사장석과 Ca-사장석이 반반씩 섞여 있다. 이 밖에 각섬석과 흑운모 등이 주요 조암광물이고 정장석이나 석영은 소량으로 존재한다. 따라서 섬록암이나 안산암은 회색을 띠는 것이 특징이다.

① 섬록암 : 조직은 화강암의 조직과 매우 유사하며 다만 구성 광물에서만 차이를 보인다. 화강암이 정장석, 석영, 흑운모 등으로 구성된 것과는 달리, 섬록암은 주로 사장석과 Fe, Mg를 많이 함유하는 광물들로 구성되어 있으며 석영은 전체부피의 5% 이하를 차지한다. 흔히 저반과 같은 대규모의 심성암체를 이루지만 암맥이나 암상 등 소규모로 나타나는 경우도 있다. 때로는 각섬석이나 사장석의 반정들이 포함된 섬록반암(porphyritic diorite)이 화강암체의 주변에서 형성되기도 한다.

② 안산암 : 보통 짙은 회색이나 녹색, 또는 붉은색을 띠는데 풍화에 의하여 짙은 갈색이나 붉은 갈색을 나타내기도 한다. 완전히 비현정질인 경우는 비교적 적으며, 사장석이나 각섬석, 또는 흑운모 등의 반정들을 흔히 포함하고 있다.

(3) 반려암과 현무암

Fe나 Mg, Ca 등이 풍부한 마그마로부터 형성되며 주로 흑색이나 짙은 녹색을 나타낸다. 주요 조암광물로는 Ca-사장석이 전체의 45~70%를 차지하며, 이 밖에 감람석, 휘석, 그리고 각섬석 등을 포함하고 있다.

① 반려암 : 일반적으로 조립질이나 중립질의 결정들로 구성되어 있는 심성암이다. Ca-사장석 및 휘석이 주요 조암광물이다. 반상질의 반려암은 흔히 세립질의 석기에 Ca-사장석이나 휘석의 반정들이 존재한다.

② 현무암 : 가장 흔한 염기성 분출암으로서 흑색을 띠며 비중이 큰 것이 특징이다. 광물의 입자들은 육안으로 구별하기 어려우며 현미경을 통하여 관찰하면 휘석이나 감람석의 주위를 침상의 사장석들이 치밀하게 에워싸고 있다. 대부분의 현무암들은 불에 탄 것과 같은 외양을 지니며 전체부피의 50% 정도는 마그마에 함유되어 있던 기체들이 용암이 흐르는 과정 중에 용암의 윗부분에 모여서 생긴 기공(vesicles)들로 구성되어 있다.

(4) 화산유리

지표상으로 분출된 용암류에 따라 형성되며 결정의 크기가 매우 작거나 전혀 성장하지 못한 경우가 많다.

① 흑요암 : 괴상의 화산유리(volcanic glass)로서 깨진 면은 조개껍질과 같이 매끄럽고 부드러운 곡선을 이룬다. 유리질의 광택을 갖고 있으며 자철석이나 기타 Fe, 또는 Mg를 함유하는 여러 광물들의 미세한 입자들 때문에 아주 짙은 흑색을 띠는 것이 특징이다. 현미경을 통해 관찰하면 물이 흐르는 것과 같은 유선들을 볼 수 있으나 편광 하에서는 완벽한 흑색을 나타낸다.

② 부석 : 기공들이 매우 많은 화산유리이며 거의 평행한 부드러운 유리섬유들로 구성되어 있다. 부석은 흑요암 성분의 용암에 포함되어 있던 기체들이 화산 폭발에 따른 압력의 감소로 급격히 팽창하면서 거품이나 많은 공기방울들을 형성한 후 고결된 것이다.

(5) 쇄설성 화성암

화산이 폭발할 때 생긴 쇄설성의 물질들이나 용암방울 등을 화성쇄설물이라고 하며 이러한 쇄설물들이 고결되어 생기는 암석을 쇄설성 화성암이라고 한다. 쇄설성 화성암은 구성입자들의 크기에 따라 분류된다. 미세한 화산재나 직경 6mm 이하의 암석조각들로 구성된 경우는 응회암(tuff)이라 하며, 거친 화산재나 직경 5cm 이하의 암석조각들로 이루어진 암석은 화성각력암(volcanic breccia)이라고 한다. 이보다 더 큰 암석 덩어리들이 모여서 이루어진 암석은 집괴암(agglomerate)이라고 한다. 응회암은 흔히 부석의 조각이나 화산재들로 이루어져 있는데 성분에 따라 밝은 갈색에서 아주 짙은 회색에 이르기까지 다양한 색깔을 나타낸다. 화성 각력암이나 집괴암은 응회암보다는 비중이 크고 짙은 색을 띠는데, 주로 부석, 흑요암, 또는 주변에 있던 암석들의 조각으로 구성되어 있다.

2.2.2 퇴적암

퇴적암(sedimentary rock)은 대부분 기존의 암석들이 풍화나 침식작용을 받아서 생긴 잔류물들이 퇴적되어 생성된다. 그러므로 퇴적암의 형성과정은 ① 기존의 암석의 물리적, 또는 화학적 풍화, ② 흐르는 물, 바람, 빙하 또는 중력 등에 의한 풍화물질의 이동, ③ 퇴적분지에서의 축적, ④ 다짐(compaction)과 고결작용(cementation)

에 의한 견고한 퇴적암의 생성 등으로 구분할 수 있다. 풍화물질의 이동과 퇴적과
정 중에는 작용하는 물리적 에너지의 크기에 따라 크기나 무게가 비슷한 퇴적물들
끼리 나누어지는 물리적 분급작용과 물에 녹기 쉬운 물질들을 용해하여 제거되는
화학적 분급작용이 일어난다. 예를 들면, 자갈들은 선상지나 하안(河岸)에 퇴적되
지만 모래는 해안에 이르기까지 이동한다. 또한, 아주 미세한 입자들은 물리적 에
너지가 아주 작은 늪이나 석호(潟湖)에 이르러 퇴적된다. 이 과정 중에 물에 녹기
쉬운 탄산칼슘은 모래나 점토보다 더욱 먼 곳에 이르러 퇴적된다. 이러한 과정을
분급퇴적(sedimentary differentiation)이라고 한다(그림 2.7).

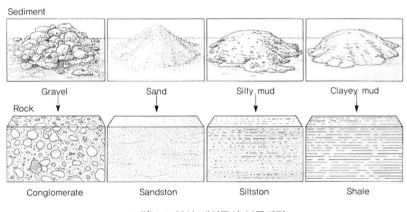

그림 2.7 암석 쇄설물의 분급퇴적

1) 속성작용

퇴적작용이 일어난 후에 퇴적물이 받는 여러 가지 변화들을 총칭하여 속성작용
(diagenesis), 또는 석화작용(lithification)이라고 한다. 이러한 속성작용은 크게 다
짐 및 압밀작용, 고결작용, 그리고 재결정작용 등으로 구분된다(그림 2.8).

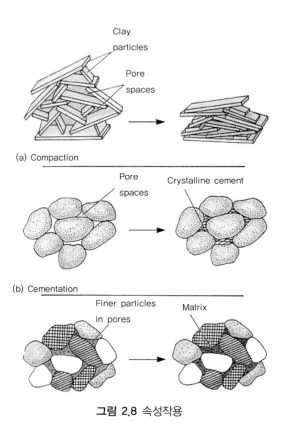

Clay
particles

Pore
spaces

(a) Compaction

Pore
spaces

Crystalline cement

(b) Cementation

Finer particles
in pores

Matrix

그림 2.8 속성작용

초기의 퇴적물에는 일반적으로 입자들 사이에 많은 간극이 있으며 이러한 간극들은 물로 채워져 있는 것이 보통이다. 그러나 퇴적작용이 진행되면서 상부 퇴적물의 무게에 의한 압력이 가해지면 간극으로부터 물이 빠져나오는 데 이를 다짐작용이라고 한다. 가장 흔한 퇴적암 중의 하나인 셰일은 주로 이러한 다짐, 또는 압밀작용에 따라서 형성된다. 퇴적물들 사이를 통과하는 물에 따라 기존 광물이 용해되거나, 이와는 반대로 물에 녹아 있던 성분들이 침전되는 과정 등이 일어나며, 입자들 사이에 새로운 광물이 침전되어 입자들을 결합해주는 것을 고결작용이라고 한다. 석영질의 퇴적물이 주로 방해석이나 점토광물 등의 고결물질(cements)들에 따라 결합되어 사암을 이룬다. 마지막으로 재결정 작용이란 물에 용해되어 이동된 이온들의 재결합으로 새로운 광물결정이 만들어지고, 이를 통해 암석이 형성되는 경우를 말하며, 해저에서 형성되는 석회암이나 석고, 암염 등이 대표적이다.

2) 퇴적암의 성분

원래의 퇴적물은 근원암의 종류에 따라 매우 불규칙적이며 복잡한 구성성분을 갖는다. 그러나 분급퇴적에 의하여 점차적으로 퇴적물들은 크기나 형태, 또는 성분이 유사한 광물들로 분리되어 퇴적된다. 일반적으로 퇴적암은 지표상의 온도 및 압력 조건에서 안정한 광물들로 구성되어 있으며, 석영, 방해석, 점토광물, 그리고 기존 암석의 쇄설물 등이 대부분을 차지하고 있다. 표 2.6은 퇴적암의 주요 조암광물이다.

표 2.6 퇴적암의 주요 광물

광물	화학식	색	경도	비중
Quartz	SiO_2	무색	7	2.7
Muscovite	$KAl_2AlSi_3O_{10}(OH)_2$	무색	2.5	2.8
Kaolinite	$Al_4Si_4O_{10}(OH)_8$	백색	2	2.6
Illite	$KAl_4AlSi_7O_{20}(OH)_4$	백색	–	–
Smectite	$(Na,Ca)Al_4Si_8O_{20}(OH)_4 \cdot nH_2O$	백색	–	–
Calcite	$CaCO_3$	백색	3	2.7
Dolomite	$CaMg(CO_3)_2$	백색	3.5	2.8
Gypsum	$CaSO_4 \cdot 2H_2O$	백색	2	2.3
Hematite	Fe_2O_3	적색	6	5.1
Limonite	$FeO \cdot OH$	갈색	5	3.6
Pyrite	FeS_2	황색	6	5.0

① 석영 : 퇴적암에 가장 흔한 광물이다. 이것은 석영이 지각을 구성하는 광물들 중에서 가장 많은 양을 차지하고 있으며, 기계적·화학적 풍화 등에 대한 저항성이 크며, 또한 화학적으로도 매우 안정하기 때문이다. 풍화와 퇴적과정에서 저항성이 낮은 광물들은 분리, 또는 분해되어 없어지고 저항성이 큰 석영의 입자들만이 남아서 모래 언덕을 이룬다. 화성암의 풍화과정에서 생성된 실리카는 흔히 퇴적암의 형성과정에서 고결물질의 역할을 한다.

② 방해석 : 석회암의 주된 성분이며, 사암이나 셰일이 형성될 때 고결물질로도 작용한다. 방해석의 성분 중 칼슘은 Ca-사장석이 풍부한 화성암에서, 그리고 탄산염은 물이나 이산화탄소 등에서 연유한다. 칼슘은 방해석으로 침전되거나

유기적 작용에 따라 바닷물에서 추출되어 조개껍질 등을 이룬다. 조개껍질의 부스러기들은 흔히 쇄설물로 퇴적되어 여러 종류의 석회암을 형성한다.

③ 점토광물 : 규산염광물, 특히 장석류의 풍화를 통해 생성된다. 점토광물은 입자의 크기가 극히 작으며 이암이나 셰일을 형성한다. 장석류는 지표상에 풍부히 존재하고 또한 풍화에 따라 쉽게 분해되므로 결국 퇴적암에는 이러한 점토광물이 다량으로 존재한다.

④ 암석 쇄설물(rock fragments) : 구성광물들이 아직 분리되지 않은 암석 쇄설물은 입자가 큰 쇄설성 퇴적암의 주요 성분이다. 암석 쇄설물은 자갈이 퇴적되어 이루는 역암(conglomerate)에서 주로 볼 수 있으나, 일부 사암의 경우에는 현무암이나 점판암(slate), 기타 세립질 암석의 쇄설물로 이루어지기도 한다.

⑤ 기타 광물 : 석영이나 방해석, 점토광물들은 전체 퇴적암의 대부분을 구성하고 있지만 이 밖에도 여러 가지 광물들이 퇴적암에 존재한다. 석회암 중의 방해석이 백운석(dolomite)에 따라 치환되어 백운암(dolostone)이 되고, 화학적 풍화가 덜 진행된 경우에는 장석류나 운모 등이 남아 있게 된다. 암염(halite)이나 석고(gypsum)는 바닷물이 증발할 때 침전되며 때로는 매우 두꺼운 층을 형성하기도 한다.

3) 퇴적암의 구조

퇴적암은 퇴적 당시의 환경에 의한 영향으로 매우 독특한 구조와 조직을 갖는데, 이는 퇴적암을 다른 암석들로부터 구별하는 중요한 요소가 된다. 퇴적암의 구조 중 가장 대표적인 것은 층리(stratification)이며 일반적으로 층리면은 서로 평행하게 형성된다. 그러나 바람이나 물이 한 방향으로 흐르는 곳에서는 평행하지 않고 기울어진 사층리(cross-bedding)가 형성된다. 퇴적암에서 볼 수 있는 물결자국을 연흔(ripple mark)이라 하며, 얕은 물의 바닥에 쌓여 있던 점토와 같은 퇴적물이 건조한 환경에서 갈라진 자국을 건열(mud crack)이라고 한다. 그림 2.9의 퇴적암 구조들은 지층의 생성순서나 지각변동의 과정을 파악할 수 있는 중요한 단서가 된다.

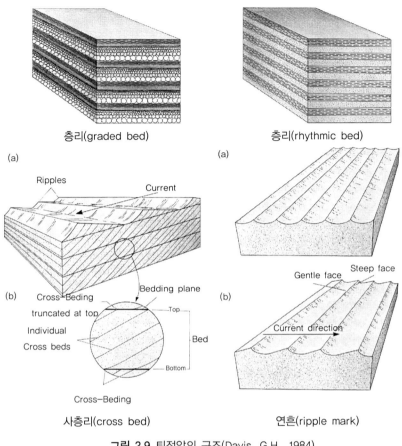

층리(graded bed)

(a)

층리(rhythmic bed)

(a)

Ripples

Current

(b) Cross Beding

truncated at top

Individual

Cross beds

Bedding plane

Top

Bed

Bottom

Cross-Beding

사층리(cross bed)

Gentle face   Steep face

(b)

Current direction

연흔(ripple mark)

그림 2.9 퇴적암의 구조(Davis, G.H., 1984)

4) 퇴적암의 조직과 분류

퇴적암의 조직은 근원암에서의 이동거리와 퇴적환경을 나타내는 중요한 요소가
된다. 퇴적암의 조직은 암석조각들로 이루어진 쇄설성 조직과 용액으로부터 결정
들이 성장하여 이루어진 결정질 조직으로 구분할 수 있다. 퇴적암은 암석조직, 입
자의 크기와 성분에 의하여 쇄설성 퇴적암과 결정질 퇴적암으로 분류된다.

(1) 쇄설성 퇴적암

쇄설성 퇴적암은 기존 암석의 조각이나 부스러기 등의 암석 쇄설물, 즉 풍화의 잔류물질로 구성되어 있다. 암석 쇄설물은 크기에 따라 자갈(gravel), 모래(sand), 실트(silt), 그리고 점토(clay)로 구분하며, 쇄설성 퇴적암들은 표 2.7과 같이 입자의 크기나 마모된 정도(rounding), 그리고 분급이나 고결정도에 따라 분류된다.

표 2.7 쇄설성 퇴적암의 분류

Texture	Composition	Rock Name
Coarse Grained (over 2mm)	Rounded fragment of any rock type- quartz, quartzite, chert dominant	Conglomerate(역암)
	Angular fragments of any rock type- quartz, quartzite, chert dominant	Breccia(각력암)
Medium Grained (1/16～2mm)	Quartz with minor accessory minerals	Quartz Sandstone (석영질 사암)
	Quartz with at least 25% feldspar	Arkose(장석질 사암)
	Quartz, rock fragments, and considerable clay minerals	Graywacke(잡사암)
Fine Grained (1/256～1/16mm)	Quartz and clay minerals	Siltstone(이암)
Very Fine Grained (less than 1/256mm)	Quartz and clay minerals	Shale(셰일)

① 역암 : 대개 암석조각이나 자갈들이 모래나 점토, 그 밖의 고결물질에 따라 서로 결합되어 있다. 자갈은 일반적으로 마모되어 둥그런 외양과 비슷한 크기를 나타내며 대부분 석영이나 쳐어트 등 마모에 대한 저항성이 큰 광물들로 구성되는 것이 보통이다. 그러나 석회암이나 화강암, 그 밖의 암석들의 자갈이 존재하기도 한다.

② 각력암 : 역암 중의 자갈들에 비하여 크기가 다양하고 마모가 덜 진행된 자갈들로 구성되어 있다. 각력암은 주로 빙하의 이동이나 산사태가 일어나면서 형성되는 것이 보통이다. 그러나 단층(fault)작용이 일어날 때 단층면에서 각력암들이 만들어지는 경우도 있다.

③ 사암 : 모래로 구성되어 있으며 입자들은 대부분 마모되어 있다. 주로 석영으로 이루어지며 장석이나 석류석(garnet), 운모 등이 존재한다. 장석이 25% 정도 함유된 경우를 장석질사암(arkose)라고 하며, 20% 이상의 점토를 포함하고 있

는 경우는 경사암(graywacke)이라고 한다. 방해석이나 석영, 산화철 등이 주요 고결물질이다. 사암은 대부분 성층구조를 나타내며 갈색이나 붉은색을 띤다.

④ 이암 : 미세한 실트 입자들이 전체부피의 50% 이상을 차지한다. 흔히 층상구조를 보이나 때로는 암석 내에 포함된 유기물의 잔해에 의하여 이러한 구조가 보이지 않는 경우도 있다. 현미경으로 관찰하면 모래입자들은 마모된 흔적을 보이나 실트입자들은 모가 난 형태를 유지하고 있는 것이 보통이다. 주로 석영으로 구성되지만 운모나 점토광물도 많이 존재한다.

⑤ 셰일 : 아주 미세한 점토입자들로 구성되어 있는 쇄설성 퇴적암으로서, 지표상에 나타나 있는 전체 퇴적암의 약 80%를 형성하고 있다. 셰일의 특징으로는 얇은 층들의 층상구조를 들 수 있다. 석영, 운모, 그리고 점토광물 등이 주요 구성광물이나 입자의 크기가 너무 작아서 육안으로 구분하기는 불가능하다. 일반적으로 방해석이 고결물질로서 존재하는데, 때로는 방해석의 양이 50%에 이르기도 한다.

(2) 결정질 퇴적암

결정질 퇴적암은 물에 녹은 여러 화학성분들이 침전되면서 결정을 이루어 형성되므로 화학적 퇴적암이라고도 하며, 표 2.8과 같이 화학성분에 따라 분류한다.

표 2.8 결정질 퇴적암, 또는 화학적 침전물의 분류

Composition	Texture	Rock Name
Calcite : CaCO$_3$	medium to coarse grained	Crystalline Limestone(석회암)
	microcrystalline, conchoidal fracture	Micrite
	aggregates of oolites	Oolitic Limestone
	fossils and fossil fragments, loosely cemented	Coquina
	abundant fossils in calcareous matrix	Fossiliferrous Limestone

	shells of microscopic organisms, clay	Chalk
	banded calcite	Travertine
Dolomite : $CaMg(CO_3)_2$	effervesces only in powdered form : similar to crystalline limestone	Dolostone(백운암)
Chacedony : SiO_2	cryptocrystalline, dense	Chert(쳐어트)
Gypsum : $CaSO4 \cdot 2H_2O$	fine to coarse crystalline	Gypsum(석고)
Halite : NaCl	fine to coarse crystalline	Rock Salt(암염)

① 석회암 : 50% 이상을 방해석이 차지하고 있으며 점토광물, 석영, 철 산화물, 기존 암석의 쇄설물 등의 불순물로 구성되어 있다. 암석조직이나 구성성분에 따라 결정질 석회암, 미립질 석회암(micrite), 쵸오크(또는 백악, chalk) 등 다양한 종류로 나뉜다. 염산을 가하면 거품이 일어나므로 쉽게 판별할 수 있다.

② 백운암 : 외관상으로는 석회암과 비슷하지만 방해석의 Ca 성분의 일부가 Mg로 치환된 백운석(dolomite)으로 이루어져 있다.

③ 석고 : 보통 백색이지만 때로는 노란색이나 옅은 붉은색을 띠기도 한다. 주로 호수나 막힌 바다에서 형성되므로 형성 당시에 기후가 매우 건조했음을 알 수 있다. 손톱으로 자국이 날 정도로 경도가 낮다.

④ 암염 : 짠맛을 내는 소금(halite)으로 구성되어 있다. 비교적 낮은 온도와 압력에서도 유동성을 내며 지압이 증가함에 따라 상부 지층을 뚫고 올라와서 돔(salt dome)을 형성하기도 한다.

2.2.3 변성암(metamorphic rock)

변성작용을 통해 생성된 암석을 말한다. 변성작용(metamorphism)은 기존의 암석이 열이나 압력, 유체의 화학성분 등 외부의 영향에 따라 형성된 새로운 환경에서 평형상태를 회복하기 위한 방향으로 광물조성 및 암석조직의 변화를 일으키는 것을 말한다. 이러한 변성작용의 결과로는 ① 화학적 재결합과 새로운 광물의 생성, ② 기존 광물입자들의 변형과 회전, ③ 광물의 재결정 작용 등을 들 수 있다(그림 2.10).

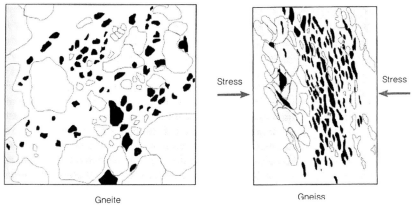

Gneite   Gneiss

그림 2.10 암석의 변성작용

1) 변성작용의 종류

암석이 변성작용을 받으면 일반적으로 경도가 증가하고 압력의 방향과 관련된 변형의 흔적이 남는다. 변성작용은 모든 종류의 암석들에서 일어날 수 있으나, 일반적으로 고온·고압 하에서 형성된 화성암이나 기존의 변성암보다는 지표상에서의 퇴적암이 변성작용을 받기 쉽다.

① 접촉 변성작용(contact metamorphism) : 관입한 마그마 주변의 암석들이 높은 온도와 화학성분을 통해 변성되는 것을 말한다[그림 2.11(a)]. 접촉 변성작용의 영향은 국부적이며 관입한 마그마로부터 멀어짐에 따라 감소한다. 접촉 변성작용을 받은 암석은 일반적으로 경도가 큰 괴상의 암석으로 재결정된다. 특히, 마그마에서 분리된 기체나 용액이 주위의 암석들과 화학반응을 일으키면서 광물들 사이의 치환이 이루어지는 경우를 접촉 교대작용(metasomatism)이라고 한다.

② 광역 변성작용(regional metamorphism) : 높은 온도와 압력의 영향에 따른 것으로 동력 변성작용(dynamic metamorphism)이라고도 한다[그림 2.11(b)]. 단층이나 습곡 등 조산운동이 활발한 지역에서 흔히 볼 수 있으며 광역 변성작용을 받은 암석은 특징적으로 파쇄되거나 늘어난 구조를 갖는다. 광역 변성작용의 정도는 새로 생성된 광물의 종류에 따라 대략적으로 파악할 수 있다. 예를

들면 녹염석(chlorite), 활석(talc), 그리고 운모 등은 비교적 약한 변성작용의
결과이며 석류석(garnet)이나 각섬석 등은 변성작용의 정도가 심한 경우이다.

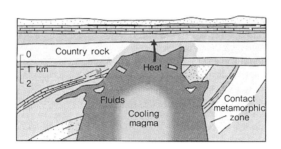

(a) 접촉 변성작용

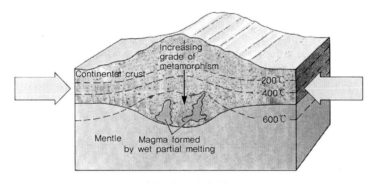

(b) 광역 변성작용

그림 2.11 접촉 변성작용과 광역 변성작용(Twiss & Moores, 2007)

2) 변성암의 조직

변성암에서 볼 수 있는 독특한 조직은 압력에 따른 변성작용의 결과로 생성되는
엽리(foliation), 혹은 엽상조직이 대표적이다. 엽리는 일정한 방향으로 작용하는
압력에 따라 광물의 차별적인 이동이나 재결정 작용에 따라서 형성된다. 엽리에는
얇은 판으로 쪼개지는 벽개(slate cleavage), 판상 광물들이 나란히 배열되어 있는
편리(schistosity), 그리고 광물조성이 다른 층들이 교대로 반복하여 배열되어 나타
나는 편마구조(gneissosity) 등이 있다. 일부 변성암들은 엽리를 포함하고 있지 않으

며 광물입자에만 변형의 흔적이 남아 있는 경우도 있다. 이러한 암석들은 흔히 한 종류의 광물들로만 구성된 것이 보통이다. 표 2.9는 변성암의 주요 광물을 나타낸다.

3) 변성암의 분류

변성암은 표 2.10과 같이 암석조직과 광물조성에 따라 분류한다. 즉, 엽리의 존재 여부, 엽리의 종류, 그리고 주요 구성광물에 따른 세부적인 분류가 이루어진다. 엽리는 특히 광역 변성작용을 통해 형성된 변성암에서 볼 수 있다. 예를 들면 셰일이 광역 변성작용을 받은 경우, 변성작용의 정도에 따라 점판암, 천매암, 편암 등을 형성하지만 열에 따른 접촉 변성작용을 받은 경우에는 매우 치밀한 호온펠스 (hornfels)가 형성된다.

표 2.9 변성암의 주요 광물

광물	화학식	색	경도	비중
Quartz	SiO_2	무색	7	2.7
Feldspar	$(K,Na,Ca)(Al,Si)_4O_8$	백색	6	2.6
Muscovite	$KAl_2AlSi_3O_{10}(OH)_2$	무색	2.5	2.8
Biotite	$K(Mg,Fe)_3AlSi_3O_{10}(OH)_2$	흑색, 짙은 갈색	2.5	2.9
Chlorite	$Mg_5Al_2Si_3O_{10}(OH)_8$	청색~녹색	2	2.7
Epidote	$Ca_2(Al,Fe)_3Si_3O_{12}\cdot OH$	녹색	6	3.3
Calcite	$CaCO_3$	백색	3	2.7
Kaolinite	$Al_4Si_4O_{10}(OH)_8$	백색	2	2.6
Limonite	$FeO\cdot OH$	갈색	5	3.6

표 2.10 변성암의 분류

A. Foliated

Texture			Rock Name
Oriented Grains	non-layered	very fine grained	Slate(점판암)
		fine grained	Phyllite(천매암)
		coarse grained	Schist(편암)
	layered	coarse grained	Gneiss(편마암)

B. Non-foliated

Texture	Rock Name
Coarse grained	Metaconglomerate (변성역암)
Fine to coarse grained	Quartzite(규암)
	Marble(대리암)

(1) 엽리를 지닌 변성암

① 점판암 : 주로 셰일이 변성된 것으로, 변성 정도가 증가하면 암석 내에 아주 작은 운모 입자가 만들어지며 이를 운모판암(mica slate)이라고 한다. 비중이 높고 평행한 얇은 판으로 쪼개지기 쉬우며 회색이나 흑색, 붉은색 또는 녹색을 띤다. 판암에 흔히 들어 있는 광물로는 석영, 백운모, 녹니석 등이 있으나 입자의 크기가 너무 작아서 현미경을 통해서만 식별할 수 있다.

② 천매암 : 점판암과 유사하나 엽리면에 나타나는 매우 밝은 광택에 따라 구별된다. 구성광물로는 미립질의 석영과 견운모(sericite)이며 녹니석이나 녹염석(epidote), 방해석 등도 소량으로 들어 있다. 판암보다는 입자가 크다.

③ 편암 : 백운모나 녹니석, 활석 등과 같은 판상광물들의 배열에 따른 편리를 말한다. 구성광물들은 비교적 큰 결정을 이루고 있다. 흔히 석영이나 석류석, 각섬석 등이 포함되나 장석은 그 범위가 매우 작다. 편암은 주요 구성 광물에 따라 석영편암, 백운모편암, 견운모편암, 각섬석편암 등으로 세분하기도 한다.

④ 편마암 : 유색광물과 무색광물들이 교대로 반복하여 배열된 편마구조를 갖는다. 장석과 석영이 주요 광물이며 운모, 각섬석, 기타 Fe나 Mg를 함유하는 광물들이 존재한다. 따라서 편마암의 성분으로는 화강암과 유사하나 편마구조에서는 화강암과 구별된다. 편마암은 가장 흔한 변성암 중의 하나로 변성정도가 매우 높다. 화강암이나 유문암 등이 변성된 경우가 많다.

(2) 엽리가 없는 변성암

① 변성역암 : 기존의 역암이 열과 압력에 따라 변성작용을 받으면서 역암 중의 자

갈들이 변형되거나, 혹은 용융된 후 새로 결합하여 생성된 암석이다. 변형된 자갈들은 압력의 방향에 따른 선구조(lineation)를 나타내지만 엽리의 흔적은 볼 수 없다. 높은 변성작용으로 변성역암에 포함된 자갈들은 쉽게 부서진다.

② 규암 : 주로 석영질의 사암이 변성작용을 받아 형성된 것으로 석영이 주성분인 광물이다. 때로는 부성분 광물들이 40%에 이르는 경우도 있는데 운모가 이에 해당한다. 판암에서 볼 수 있는 쪼개짐이나 또는 퇴적암의 층리와 유사한 구조를 보여주기도 한다.

③ 대리암 : 주로 방해석이나 백운암이 변성되어 이루어진다. 광물의 결정은 일반적으로 크고 치밀하게 결합되어 단단한 결정질 암석을 형성한다. 기존 암석에 포함되어 있던 유기물질 등의 불순물이 변성작용 중에 변형되거나 선형으로 배열되어 남아 있기도 한다.

2.2.4 암석의 풍화

암석은 생성 이후 시간의 경과에 따라 대기와 수분의 노출로 물리적, 화학적 성질의 변화로 흙으로 되는데(그림 2.12), 이를 풍화(weathering)라고 한다. 물리적(또는 기계적) 풍화는 온도의 변화나 지구조적 작용으로 인한 힘에 의해 암석이 더 작은 크기로 부서지는 것을 가리킨다. 화학적 풍화작용은 물이나 대기에 따라 화학반응이 일어나고 광물 색깔의 변화도 관찰된다.

풍화작용을 통해 생성된 흙의 공학적 성질은 원래 암석의 공학적 성질과 다르므로 암석에서 흙으로 변화되는 과정을 풍화 등급으로 구분하여 공학적 분류를 한다. 암석의 성질변화는 몇 개의 등급으로 표기하도록 제안되었는데, 그중 6개의 등급으로 분류하는 국제암반공학회(ISRM)의 방법이 널리 사용되고 있다. 6개의 풍화 등급은 풍화정도가 심해짐에 따라 F, SW, MW, HW, CW, RS 등의 기호로 표기한다(표 2.11). 이 방법은 현장에서 관찰한 내용을 바탕으로 정성적으로 분류하는 것이며, 암석의 강도와 같은 물성을 통해 분류하는 정량적 방법이 아니다. 다만, 풍화 등급에 따라 개략적인 물성의 범위를 제시할 수도 있다. 즉, 암석의 풍화 등급은 암석을 처음 접하는 엔지니어들이 암석의 물리적 성질, 화학적 성질을 개략적으로 짐작하는 데 사용될 수 있다.

그림 2.12 암석의 풍화 결과 생성된 흙(경기도 연천)

표 2.11 암석의 풍화 등급 6단계 분류

풍화 등급	상태
F(신선)	조암광물의 풍화는 관찰되지 않음
SW(약간 풍화)	조암광물 및 불연속면에 약간의 변색 관찰
MW(보통 풍화)	조암광물의 절반 이하가 변질. NX 코어를 손으로 부러뜨릴 수 없음
HW(심한 풍화)	조암광물의 절반 이상이 변질. NX 코어를 손으로 부러뜨릴 수 없음
CW(완전 풍화)	조암광물은 변질되거나 토상화. 암석의 구조는 존재
RS(잔류 토양)	모든 조암광물의 토상화. 암석조직이나 구조는 관찰되지 않음

RS에 해당하는 잔류토양은 일반적으로 심도 1m 이내이며, 풍화의 심도는 10m 이내로 알려져 있으나 암석 생성 후 경과 시간(즉, 지질학적 연대), 암석의 종류, 기후조건, 지하수의 상태 등에 따라 지역적으로 다르게 나타난다. 예를 들면, 조직이 치밀한 화강암과 변성암류보다는 상대적으로 느슨한 조직을 가진 셰일이나 기공성 사암에서 풍화심도가 더 큰 것을 볼 수 있다. 화성암과 변성암을 비교하면 이미 고온 또는 고압의 영향을 받았던 변성암이 풍화에 대한 저항이 낮아 풍화심도가 더 크게 나타난다. 기후조건으로 보면 고온다습한 적도지방에서 풍화심도가 큰 것을 볼 수 있다.

건설공사 시 수직 방향의 단면을 살펴보면 풍화단면을 관찰할 수 있다. 건물 기초를 위한 굴착작업 시 작업량 산정이나 기초 심도의 확보를 위해 풍화단면을 파악하는 것이 중요하다. 건물 기초를 위한 말뚝시공 시 지표에서부터 기반암에 이르는 심도를 결정하기 위해서는 풍화대의 범위를 파악하여 기반암 상부면(rockhead)의 위치를 정확히 알아야 한다. 풍화대의 범위나 심도는 물리탐사 기법, 시추를 통한 직접 관찰 기법 등을 통해 파악한다. 일반적으로 심부로 갈수록 풍화가 적게 일어나는 점진적 풍화단면(gradual weathering)을 보이나 지역에 따라서는 풍화토 내에 갑자기 신선한 암석인 핵석 풍화단면(corestone weathering)이 발견되는 경우도 있으므로 실무 작업 시 주의할 필요가 있다(그림 2.13).

(a) 점진적인 풍화단면(미국 금문교 북부)

(b) 핵석풍화단면(서울 홍제동 화강암 채석장)

그림 2.13 풍화단면

2.2.5 암석의 지질공학적 문제

화강암은 다른 암석에 비해 강도가 높고 풍화에도 잘 견뎌 튼튼한 공학적 재료이
다. 관입암은 마그마에 따라 주변 지역에 열수변질작용을 일으켜 상대적으로 풍화
에 약하고 강도가 낮은 열수변질대를 형성시키는 경우가 많다. 또한 관입암은 분출
암에 비해 서서히 냉각되어 입자가 조립질을 형성하므로 분출암 같은 세립질 암석에
비해 평균적으로 약간 낮은 강도를 가진다.

분출암 지대는 지층구조 경계면의 해석이 쉽지 않으며, 더불어 지하수의 유동을 파
악하기 힘든 경우가 많다. 현무암(baslat)은 남한의 제주도, 경북의 포항, 감포 일대
에 분포하고 있으며, 강도가 높고 풍화에 잘 견디는 편이다. 현무암 지대에서는 용
암이 식으면서 먼저 빠져나가 용암동굴을 형성하므로 지반침하의 가능성이 존재한
다. 현무암의 경우 마그마의 냉각과 수축으로 형성된 기둥 모양의 주상절리 때문에
사면에서 전도파괴(toppling)를 일으키는 경우가 많다(그림 2.14). 영국 스코틀랜드
의 에딘버러성의 현무암 절벽에서 전도파괴현상이 문제가 되어 방지대책을 수립하

기도 했다. 현무암 조직이 아주 치밀하게 발달한 경우 경도와 강도가 높으므로 터널 공사 시 전단면 굴착기를 사용하기보다는 천공 및 발파 작업을 주로 이용한다.

(a) 현무암의 주상절리(영국 자이언트 코즈웨이)

(b) 포항, 감포 일대 현무암에서 나타나는 전도파괴(toppling)

그림 2.14 지질구조에 의한 사면 불안정성

퇴적암은 풍화를 받지 않은 경우 비교적 강도가 유지되나, 풍화를 받으면 입자 간의 결합력이 낮아져 강도가 현저하게 줄어들어 사면의 불안정과 같은 공학적 문제들을 일으킨다(그림 2.15). 석회암의 경우 이산화탄소가 용해된 물을 통해 서서히 용해되므로 지하에 공동을 형성하거나(그림 2.16) 붕괴된 형태의 오목지형인 돌리네(doline) 또는 싱크홀(sinkhole)을 형성하게 되어(그림 2.17) 지반침하 문제를 일으킨다. 이러한 공동이 연약점토로 채운 경우에도 지반침하는 서서히 발생한다. 물로 채운 공동의 경우 지하에서 진행되는 터널 공사 시 홍수의 위험을 야기한다. 또한 카르스트 지역에서는 공동 때문에 비의 흡수가 빨라 지하수면이 급상승하여 인근 지역에 산사태를 유발할 수도 있다.

그림 2.15 퇴적암의 풍화에 의한 사면 불안정성

그림 2.16 석회암 지반의 풍화와 용해동굴(제천, 영월 일대)

그림 2.17 흙으로 채운 싱크홀(제천, 영월 일대의 도로 절취 사면)

이암, 셰일, 미사암, 점토암과 같은 이암류는 전체 퇴적암의 $60 \sim 70\%$를 차지한다. 고결된 셰일은 쉽게 풍화되지 않으나 치밀작용만을 받은 셰일은 흙과 같이 쉽사리 구조적인 안정성을 잃게 되고 산사태를 야기시키기 때문에 댐건설 부지로써는 적합성이 떨어진다. 또한 터널 공사 시 지반의 압출현상(squeezing)이 나타나기도 한다. 이암류는 대부분 쉽게 부서지는 성질 때문에 코어링을 통해 원하는 모양의 코어 시료를 얻기가 어렵다.

사암을 구성하는 교결물질에는 석영, 점토광물, 탄산염광물, 철산화물 등이 있다. 어떤 사암은 강도가 높고 단단한 반면 잘 부스러지는 사암의 경우 물에 쉽게 풀어지는 경향 때문에 기초로는 적합하지 않으나 때로는 그라우팅을 통해 문제를 해결하기도 한다. 대개 사암은 투수성이 높다. 석영 성분이 많은 강한 사암의 경우에는 터널 공사 시 절삭기 끝부분이 빨리 마모되어 규폐증을 유발시키기도 한다.

점판암, 천매암, 편암, 편마암 등은 열과 압력작용을 동시에 강하게 받은 경우 입자의 조직이 방향성을 띠는 엽리나 편리를 나타내는데 공학적으로는 방향에 따라 강도가 다르게 나타나는 이방성(anisotropy)을 보인다. 이에 비해 열작용을 위주로 받은 대리석의 경우 조직이 치밀하지만 이방성은 나타나지는 않는다. 변성암에 존재하는 편리구조에 따라 강도의 이방성이 나타나므로 굴착, 발파 등의 작업뿐만 아니라 각종 수치 모델 해석에 입력 자료로 활용할 경우 항상 주의를 기울여야 한다. 때로는 엽리면과 평행한 방향으로 암반의 미끄러짐이 발생하여 사면 불안정을 야기한다. 하지만 엽리조직의 발달이 희박하고 괴상인 편마암의 경우에는 기초로서나 지하공동 건설용 부지로서 아주 좋은 조건이 된다.

03 지질구조와 해석

03 지질구조와 해석

구조지질학은 오랜 지질시대를 거치면서 변형되어온 지각을 구성하고 있는 지질
학적인 구조들의 형태나 역학적 특성에 대한 학문이다. 지질구조는 현미경을 통해
서 관찰할 수 있는 미세균열(microcrack)에서부터 절리 및 파쇄대, 대규모의 습곡
또는 단층에 이르기까지 매우 다양한 크기와 종류를 갖는다. 이 장에서는 야외에
서 관찰할 수 있는 습곡, 단층 및 절리 등의 특징과 지질학적 기재방법에 대하여
살펴보기로 한다.

3.1 지질구조

암석에서는 지각작용에 의한 절리, 단층, 습곡, 층리 등과 같은 특징적인 구조가
나타난다. 절리는 암석이 깨져 있는 형태를 가리키는 것으로 마그마의 급냉 시 수
축에 따라 형성되는 주상절리를 비롯하여, 마그마가 서서히 식으면서 주변 모양에
평행하게 발달하는 층상절리(그림 3.1), 상부 암석의 침식으로 제거된 응력이 개방
되어 발생한 절리, 지각의 압축이나 인장을 받아 역학적 힘에 따라 생성된 절리
등이 있다. 절리는 깨진 상태로 있거나 깨지고 벌어져 있는 경우도 있다(그림 3.2).
암반 전체에서 절리는 일종의 공학적 불연속면으로 재료가 깨져 있는 상태이므로
지반 조사 시 반드시 파악해야 한다. 절리는 모든 종류의 암석에서 나타날 수 있다.

그림 3.1 지표면과 평행하게 발달한 층상절리(미국 요세미티 국립공원)

그림 3.2 수직 방향의 절리의 일부가 벌어진 상태(이집트 테베, 왕의 계곡)

단층은 암석이 깨지고 또한 깨진 면을 따라 서로 다른 블록이 상대적으로 이동한
것을 가리킨다. 단층의 존재는 과거에 또는 현재까지 지각의 압력 또는 인장 작용
이 있었다는 것을 말한다. 특히 향후에도 단층작용이 예상되는 지역은 지반 불안
정성이 높으므로 원자력 발전소, 병원, 대규모 공장 등의 부지로는 부적합하다. 단
층은 암반 블록의 상대적 이동 방향에 따라 정단층, 역단층 스러스트 단층(역단층
중 경사각이 45° 이하인 것), 주향이동 단층 등으로 나눌 수 있다. 단층 조사 시 과
거 이동 기록 등을 조사하고 향후 이동 가능성을 분석해야 한다. 단층은 모든 종류
의 암석에서 나타날 수 있다. 그림 3.3은 미국 캘리포니아 대학 버클리 캠퍼스의
운동장을 관통하는 단층에 대한 사진이다.

그림 3.3 미국 캘리포니아 대학 버클리 캠퍼스에 나타나는 단층구조

한편, 지반이 압력을 받으면 어떤 경우에는 암석이 파괴되지 않고 플라스틱과 같
이 변형되어 습곡을 형성한다(그림 3.4). 위로 볼록한 곳을 배사, 아래로 볼록한
곳을 향사라고 한다. 변형 당시 일부 암석층 사이에서는 변형대신 파괴가 일어나

절리가 형성되기도 한다. 습곡 자체가 공학적으로 문제되지는 않으나 습곡에 수반되는 다른 절리의 형성을 파악해야 한다. 또한 지층의 해석 시 습곡에 대한 분석이 필요하다. 습곡은 모든 종류의 암석에서 나타날 수 있다.

그림 3.4 암석에 발달된 습곡 구조(미국 샌프란시스코 금문교 부근)

퇴적물이 쌓이면서 다른 입자의 퇴적물이 쌓일 경우 기존의 퇴적층과 경계, 즉 층리를 형성한다(그림 3.5). 원래 층리는 절리처럼 떨어져 있는 것이 아니지만 풍화작용을 받으면 절리처럼 떨어지기도 한다. 따라서 층리면이 절리면이 되는 경우가 종종 발생한다(그림 3.6). 아직 분리되지 않은 층리면은 일종의 잠재적인 공학적 불연속면이므로 지질공학적 암반조사 시 조사항목에 포함된다. 층리는 퇴적암에서만 나타난다(그림 3.7).

그림 3.5 퇴적암에 발달한 층리

그림 3.6 층리면에 의한 따른 불안정성(보령댐 여수로 사면)

그림 3.7 이회암질 석회암(marly limestone)에 발달한 층리면 및 차별풍화

3.2 지질구조의 분류

암반이나 지층은 광역적인 조산운동에 의한 횡압력과 상부 지층의 무게에 의한 수직 방향의 지압 등을 통해 영구적인 변형이 일어난다. 횡압력의 원인으로는 판구조론(plate tectonics)이나, 지각하부 맨틀을 이루는 물질들의 대류에 의한 대륙이동설(continental drift)이 유력하다. 기후변화나 빙하의 이동 등도 지질구조의 형성에 큰 영향을 미친다.

지층에 일어나는 변형은 외부 압력의 조건과 암석의 물성이나 변형 특성에 따라 결정한다. 변형 특성은 크게 연성변형(ductile deformation)과 취성파괴(brittle failure)로 구분할 수 있다. 연성변형이란 금속재료와 같이 쉽게 휘거나 늘어나는 것을 말하며, 취성파괴란 실온에서의 유리처럼 외부압력에 따른 변형이 거의 일어나지 않고 순간적으로 부러지는 것을 의미한다. 암석의 변형 특성은 주로 구성광물의 종류나 암석조직(texture), 공극 내에 포함된 유체 등으로 결정되고 압력이나 온도 등 외부 환경에 따라 영향을 받는다. 암석은 일반적으로 취성파괴의 특성을 나타내지만 고온·고압 하에서는 연성변형을 일으킬 수도 있다.

3.2.1 습곡

일반적으로 지층은 수평하게 퇴적되지만, 퇴적 후의 속성작용에서 횡압력을 받으면 물결처럼 휘어진 단면을 보여준다. 이러한 구조를 습곡(fold)이라 한다(그림 3.8). 습곡은 암석의 연성변형의 결과이며 일반적으로 지하 심부의 환경에서 압력이 서서히 가해질 때 일어난다.

그림 3.8 습곡

습곡구조에서 위로 볼록한 형태를 배사형(antiform), 아래로 볼록한 형태를 향사형(synform)이라고 하지만 지각 변동으로 기운 습곡의 경우에는 구분이 어렵다. 일반적으로 습곡은 구성하는 지층들의 생성연대를 기준으로 배사구조와 향사구조로 구분한다. 배사구조(anticline)는 볼록한 방향으로 갈수록 새로운 지층들이 있는 경우를 말하며, 향사구조(synclie)는 볼록한 방향으로 오래된 지층이 놓인 경우를 의미한다. 지층이 역전된 경우에는 그림 3.9(b)와 같이 배사형 향사구조(antiformal syncline), 또는 향사형 배사구조(synformal anticline) 등으로 구분한다.

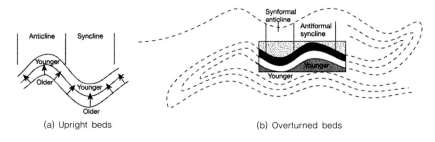

(a) Upright beds   (b) Overturned beds

그림 3.9 역전된 지층의 습곡구조(Twiss & Moores, 2007)

1) 습곡의 요소

습곡의 가장 높은 지점을 마루(crest), 낮은 지점을 골(trough)이라 한다. 변곡이 가장 큰 부분을 습곡의 hinge라 하는데 일반적으로 습곡의 마루나 골은 hinge점과 일치하지 않는 경우가 많다. 대부분의 습곡은 여러 개의 지층을 이루고 있으며, 이 hinge들을 이은 선을 습곡의 축, 또는 축선(axial line)이라고 한다(그림 3.10). 일반적으로 이 축선은 약간 곡선을 이루는 경우가 많다. 축면(axial plane, 또는 axial surface)이란 이 축선들을 포함하는 면을 말한다. 향사와 배사 사이의 기울어진 면을 습곡면(limb, 또는 wing)이라고 한다.

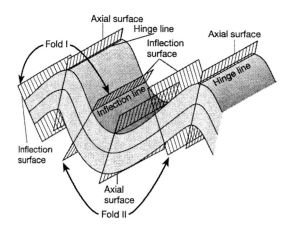

그림 3.10 습곡의 요소(Twiss & Moores, 2007)

2) 습곡의 종류

습곡은 형태에 따라 크게 대칭 습곡(symmetrical fold)과 비대칭 습곡(asymmetrical fold)으로 구분된다. 대칭 습곡이란 양쪽 습곡면의 길이와 경사가 서로 같은 경우를 말하며, 습곡면의 경사가 서로 다른 경우에는 비대칭 습곡이라고 한다(그림 3.11). 대칭 습곡은 습곡축이 수직이므로 수직 습곡(upright fold)이라고도 하며, hinge와 crest가 일치한다.

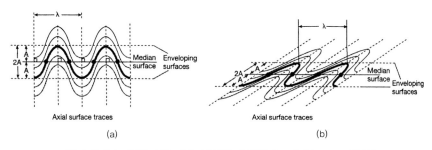

그림 3.11 (a) : 대칭 습곡, (b) : 비대칭 습곡(Twiss & Moores, 2007)

비대칭 습곡은 양쪽 습곡면의 기울기가 다르고 보통 서로 반대 방향으로 기울어져 있다. 기울기는 다르지만 같은 방향으로 기울어져 있는 경우도 있으며 이를 과습곡(overturned fold)이라고 한다. 특히 습곡축이 거의 수평한 상태로 형성되어 있는 경우를 횡와습곡(recumbent fold)이라고 한다. 수평으로 퇴적하는 지층은 습곡작용에 따라 기울어지는데, 특히 90° 이상 회전한 경우를 overturned limb라고 한다. 따라서 과습곡이란 습곡면들 중의 하나가 overturned인 경우를 말한다. 두 개의 습곡면들이 모두 overturned된 경우는 선상습곡(fan fold)이라고 한다(그림 3.12).

두 습곡면이 같은 방향으로 같은 경사를 갖는 경우를 등사습곡(isoclinal fold)이라고 한다. 단사(monocline)란 거의 수평한 지층에 부분적으로 발달되어 있는 경사 부분을 말한다(그림 3.13).

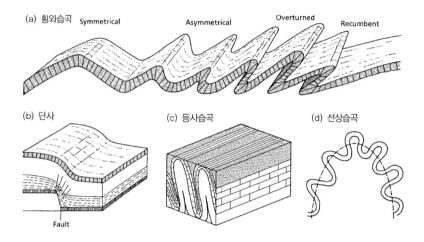

(a) 횡와습곡 Symmetrical   Asymmetrical   Overturned   Recumbent

(b) 단사   (c) 등사습곡   (d) 선상습곡

Fault

그림 3.12 습곡의 형태(Bell, 1993)

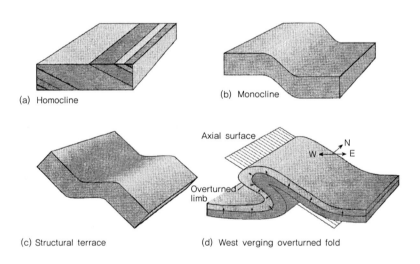

(a) Homocline   (b) Monocline

Axial surface

Overturned limb

N
W ← → E

(c) Structural terrace   (d) West verging overturned fold

그림 3.13 동사(homocline), 단사(monocline) 및 계단 구조(Bell, 1993)

3.2.2 균열

암석의 취성변형에 따른 파괴면을 일반적으로 균열(fracture)이라 한다. 균열에는 현미경으로 관찰할 수 있는 미세균열에서부터 대규모의 단층에 이르기까지 다양

하다. 공학적인 의미에서 균열을 구분하는 것은 중요한 의미를 지니는데, 기원에 따라 균열들은 전혀 다른 특성을 나타내고 이들을 포함하는 암반의 역학적 특성도 달라지기 때문이다.

균열은 발생 당시 암반에 가해진 전단력의 존재여부에 따라 분류된다. 전단력이 전혀 없이 순수한 인장력으로 형성된 경우, 즉 변위(deformation)가 균열면에 대하여 수직 방향으로만 일어난 경우를 인장균열(extension fracture)이라 하고, 이와는 반대로 전단응력에 의한 전단변위가 일어난 경우를 전단균열(shear fracture)이라고 한다(그림 3.14).

등방성의 암반에 형성된 인장균열면은 전단응력이 작용하지 않는 주응력 평면(principal plane)을 나타낸다. 즉, 인장균열은 대부분 최소주응력(minimum principal stress, σ_3)에 수직 방향으로 형성된다. 예를 들면 습곡축에 수직 방향으로 형성되어 있는 균열들은 인장균열이라고 할 수 있다. 전단균열은 주응력방향에 일정한 각과 쌍(pair)을 이루며 형성된다. 균열의 기원을 정확히 판단하기란 어려운 일이며, 인장균열인 경우에도 외부 영향에 따른 이차적인 변위를 나타낼 수 있다. 이러한 이차변위는 균열의 틈을 채우고 있는 충진물(fillings)이나 피복물(coating materials)에 나타난 증거들을 종합하여 분석한다.

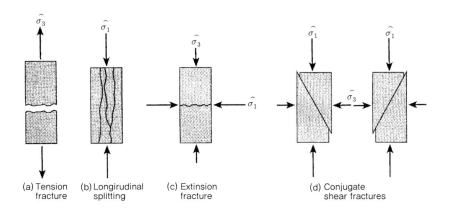

(a) Tension fracture (b) Longirudinal splitting (c) Extinsion fracture (d) Conjugate shear fractures

그림 3.14 파괴 형태에 따른 균열의 분류(Twiss & Moores, 2007)

1) 절리

지각 이동에 따른 횡압력, 또는 암석의 냉각과 건조에 따른 수축 등으로 암석 내에는 미세한 균열이 생긴다. 이러한 균열은 신선한 암석에서는 잘 보이지 않지만 암석의 풍화가 진행될수록 더욱 넓어지고 선명하게 보이는데 이러한 균열을 절리(joint)라고 한다. 대부분의 암반은 한 종류 이상의 암석들로 구성되었으며, 이들의 팽창 혹은 냉각이 일어날 경우에는 물성의 차이로 인하여 방향에 따른 응력차가 발생한다. 이러한 편응력(differential stress)은 한 암석을 구성하는 여러 광물 입자 사이에서도 일어날 수 있으며, 이에 따라 국부적으로 변형 정도의 차이가 발생한다. 부피 팽창도의 차이에 따른 절리는 주상절리(columnar joint)의 형성에서 볼수 있다. 지하의 화성암체가 냉각되어 수축이 일어나면 주변 암석과의 수축도 차이로 절리가 형성될 수 있다. 수직 방향으로는 상부 지층에 따라 절리의 발생이 억제되지만 수평 방향으로는 수축에 따른 인장절리가 형성되어 기둥모양의 주상절리가 형성되는 것이다. 이러한 주상절리는 특히 화성암체가 등방성인 경우에 흔히 발생한다(그림 3.15).

그림 3.15 주상절리

엄밀한 의미에서 절리란 인장균열 중 변위가 거의 없는 경우를 말하지만, 흔히 암반 중에 포함되어 있는 여러 가지의 불연속면들을 통칭하는 용어로도 널리 사용된다. 현장조사 중 암반사면에 분포하는 절리의 방향성을 해석하기 위해서는 다음절에서 다루게 되는 평사투영법 등의 통계적인 방법을 사용한다.

2) 단층

암석의 전단파괴를 통해 형성된 균열로, 균열면을 따라 상당한 변위가 일어난 지질구조를 단층(fault)이라고 한다(그림 3.16). 단층은 취성변형을 통해 발생하며 온도나 압력이 그리 크지 않는 위치에 있는 지층에서 일어나기 쉽다. 따라서 대부분의 단층은 지표면 근처, 혹은 지하 10km 내지 15km 이내의 지각에 분포하고 있다. 특히 지진 피해로 구조물의 내진설계가 요구됨에 따라 지진과 밀접한 관련이 있는 활성단층에 대한 연구가 활발히 진행되고 있다.

그림 3.16 단층

(1) 단층의 요소

단층의 결과 일어난 상대적인 이동에 따라 단층의 요소들을 결정한다(그림 3.17).

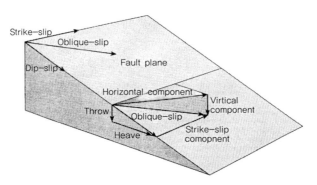

그림 3.17 단층의 요소

경사를 가진 단층에서 단층면 상부의 암반을 상반(hanging wall)이라고 하고 단층면 하부의 암반을 하반(footwall)이라고 한다. 단층에 따른 변위는 단층면의 주향 방향으로, 또는 경사방향으로만 일어나기도 하나 대부분 단층면을 따라 대각선 방향으로 이동이 일어난다. 단층의 방향은 단층면의 주향과 경사로 나타낸다.

일반적으로 단층면 사이에는 점토물질이나 각력(breccia) 등이 들어 있는데, 이것은 단층면 양측의 암반이 미끄러질 때 암석이 돌가루로 분쇄되거나 암석조각으로 깨진 것이다. 또한 단층면이 마찰력으로 마치 거울처럼 반질반질하게 된 경우를 단층활면(slickenside)이라고 한다. 단층은 광화용액의 이동 통로로 단층대나 그 부근에서 광화대가 형성되는 경우가 많다.

(2) 단층의 분류

단층은 형태 및 기원에 따라 분류할 수 있다. 먼저, 형태에 따른 분류는 단층면을 기준으로 이동의 방향에 따라 분류한 것으로 여기에는 주향이동 단층(strike-slip fault)과 경사이동 단층(dip-slip fault), 그리고 사교 단층(oblique-slip fault) 등이 속한다(그림 3.18). 주향이동 단층은 단층면의 주향방향으로 이동이 주로 일어난 경우이다. 즉, 경사방향으로의 이동이 주향방향에 비해 훨씬 작은 단층을 의미한다. 이와는 반대로 경사이동 단층(dip-fault)이란 경사방향으로의 이동이 주가 되는 경우이다. 사교 단층이란 이동이 주향방향과 경사방향으로 동시에 일어난 경우를 말한다.

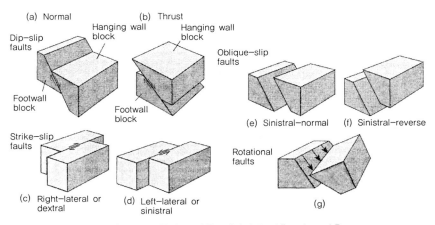

그림 3.18 주향이동 단층, 경사이동 단층, 사교 단층

기원에 따른 단층의 분류는 변형을 일으킨 외력의 작용방향에 따른 분류로서 정단층과 역단층으로 구분한다. 정단층(normal fault)은 상반이 아래로 이동한 경우이고 역단층(reverse fault)은 상반이 위로 이동한 경우이다. 역단층 중에서 경사가 45° 이하인 경우를 층상 단층(thrust fault)이라고 한다. 특히 경사가 10° 이하인 대규모의 역단층을 오버트러스트(overthrust)라고 한다. 이들은 모두 경사이동 단층에 속한다. 정단층은 인장력에 따라 그리고 역단층은 압축력에 따라 형성되는 것으로 해석하기도 한다. 그러나 외부로부터 가해지는 압력이 모두 압축력인 경우에도 정단층 및 주형이동 단층이 형성될 수 있다. 수평한 지층에 가해지는 수직 방향 $\sigma_v = \sigma_3$의 지압을 σ_v, 수평 방향의 횡압을 σ_h라고 하면, 역단층은 σ_v가 최소 주응력일 때 형성될 수 있다. 또한 $\sigma_v = \sigma_1$일 때는 정단층이, $\sigma_{h_1} = \sigma_1$, $\sigma_{h_2} = \sigma_3$인 경우에는 주향이동 단층이 형성될 수 있다(그림 3.19).

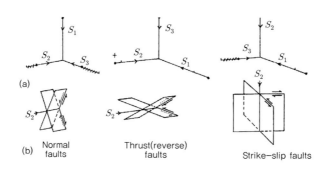

그림 3.19 압축력에 따른 단층의 형성

3.2.3 부정합

지층은 오랜 시간에 걸쳐 연속적으로 퇴적되며 지층들 사이의 경계에는 시간적인 차이가 거의 없다. 그러나 환경 변화로 일정한 기간 동안 침식작용이 진행된 후 다시 퇴적되면 인접한 두 층 사이에는 상당한 시간 차가 발생한다. 이러한 경우 인접한 두 층 사이의 관계를 부정합(unconformity)이라고 한다. 부정합에 따라 지층의 상하 구별이 가능하고 지층의 형성과정에 관한 자료를 얻을 수 있다.

그림 3.20(a)와 같이 부정합을 이루는 두 지층이 서로 나란한 경우를 평행 부정합

또는 비정합(disconformity)이라고 한다. 그림 3.20(b)나 3.20(d)와 같이 부정합 하부의 지층과 상부 지층이 서로 평행하지 않으면 경사 부정합(angular unconformity), 각상 부정합이라고 한다. 또한, 퇴적기간 중에 짧은 기간 동안 침식으로 형성된 부정합을 국지적 부정합(local unconformity)이라고 한다. 난정합(nonconformity)이란 그림 3.20(c)와 같이 부정합 상부에는 퇴적암이 부정합 하부에는 심성암이 존재하는 경우를 말하며, 심성암이 융기와 침식을 거친 후 다시 퇴적작용이 일어난 상태를 말한다.

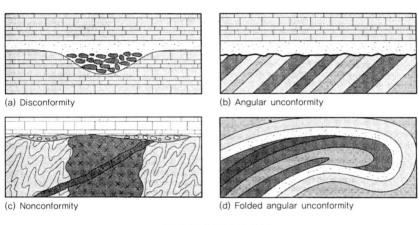

(a) Disconformity (b) Angular unconformity

(c) Nonconformity (d) Folded angular unconformity

그림 3.20 부정합의 종류

3.3 지질구조의 방향성

3.3.1 진북과 자북, 방위각

나침반의 자침은 항상 자북점(magnetic north pole)을 향하고 있다. 자북점의 위치는 고정된 것이 아니라 매년 조금씩 이동한다. 진북점(true north pole)은 지리학적인 북쪽, 즉 북극점을 나타낸다. 지형도나 지질도의 방향은 진북점을 기준으로 한다. 진북과 자북의 방향선이 이루는 각을 도편각(magnetic declination)이라고 하며, 도편각은 지역에 따라 달라진다. 모든 지형도에는 그 지역의 도편각이 표시되어 있으며, 이에 따라 나침반을 보정하여 사용해야 한다(그림 3.21).

그림 3.21 지질 컴퍼스

3.3.2 주향과 경사

지질학적인 구조로서의 직선이나 평면은 방향(trend)과 기울기(inclination)를 갖는다. 이를 통칭하여 방향성(attitude)이라고 한다. 지질학적 구조로서의 직선은 변성작용의 결과로 나타나는 선 구조(lineation)를 들 수 있으며, 엽리나 편리 등이 여기에 속한다. 두 개의 평면이 교차하여 이루는 직선이나 시추공 등도 지질학적인 선구조로 분류할 수 있다. 특히 암반에 분포하는 두 종류의 불연속면들을 이루는 직선의 방향은 암반사면의 쐐기파괴(wedge failure)에 관련이 깊어 중요하다.

직선의 방향(bearing, α)은 그 직선을 포함하는 수직평면이 가상의 수평면과 만나서 이루는 직선과 진북방향 사이의 상대적인 방위로 나타내며, N40°E, S30°E 등으로 표기한다. 때로는 진북을 기준으로 0°에서 360°까지의 방위각(azimuth)으로 나타내기도 한다. 직선의 기울기(plunge, β)는 그 직선을 포함하는 수직평면이 수평면과 만나서 이루는 직선과 해당 직선 사이의 각을 의미한다. 직선의 방향 및 기울기는 기울기가 내려가는 쪽을 기준으로 정한다(그림 3.22).

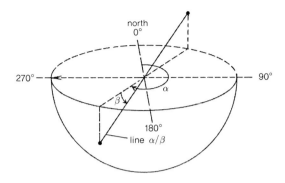

그림 3.22 직선의 방향(α)과 기울기(β)(Priest, 1985)

지질학적 평면은 층리나 절리면, 단층면, 습곡면 등을 들 수 있다. 평면의 방향은 그 평면과 수평면이 만나서 이루는 직선의 방향으로, 이를 주향(strike)이라고 한다. 평면의 기울기 또는 경사(dip)는 해당 평면의 주향에 수직인 직선의 기울기로 나타낸다. 그림 3.23에서 AB 방향이 지층의 주향이며, AB와 직각인 수직면 B'CEF에 도시된 각 β_d가 이 지층의 경사(진경사, true dip)이다. 주향에 수직이 아닌 방향으로 측정된 경사각을 위경사(apparent dip, β_a)라고 한다. 위경사는 항상 진경사보다 작으며, 주향방향과 위경사방향 사이의 각이 θ이면, $\tan\beta_a = \tan\beta_d \cdot \sin\theta$의 관계가 성립한다.

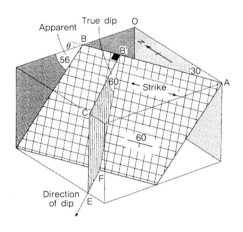

그림 3.23 평면의 주향, 진경사 및 위경사

3.3.3 지층의 두께와 깊이

지층의 두께란 해당 지층을 구성하는 양측 경계면 사이의 수직거리를 말하며 깊이는 일반적으로 지표면으로부터 수직으로 측정된 거리를 의미한다. 두께가 일정하지 않은 지층의 경우에는 해당 지층을 몇 개의 구간으로 나누어 각 구간의 두께를 평균한 값을 사용하는 것이 일반적이다. 그림 3.24(a)와 같이 수평한 지표면에 노출되는 층의 경우, 지층의 두께를 $t = w \cdot \sin\beta_d$로 쉽게 계산할 수 있다. 이때, 지표면 위에서의 거리 w는 지층의 주향에 수직 방향으로 측정해야 한다. 또한, 사면에 노출된 지층의 두께는 사면의 기울기(δ) 방향과 지층의 경사(β_d) 방향에 따라 달라진다. 노출된 지층의 경계면 사이의 거리 w를 직접 측정하기 어려운 경우에는 수평거리 h와 수직거리 v를 측정하여 지층의 두께를 계산할 수 있다.

① δ와 β_d의 방향이 반대[그림 (b)] : $t = w \cdot \sin(\beta_d + \delta)$
② δ와 β_d의 방향이 같고, $\delta > \beta_d$[그림 (c)]: $t = w \cdot \sin(\delta - \beta_d)$
③ δ와 β_d의 방향이 같고, $\delta < \beta_d$[그림 (d)]: $t = w \cdot \sin(\beta_d - \delta)$

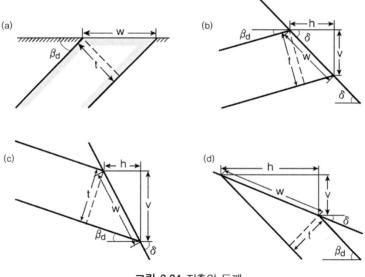

그림 3.24 지층의 두께

지층의 깊이(depth, d)는 지표면 위의 한 지점으로부터 그 지층의 상부 경계면까지의 수직거리를 말한다. 그림 3.25(a)와 같이 수평한 지표면에 노출된 지층의 경우, 지층의 경사방향으로 s만큼 떨어진 P 지점에서 지층의 깊이는 $d = s \cdot \tan\beta_d$이다. 그림 3.25(b)와 같이 사면 위의 점 P에서의 깊이는 $d = d_1 + d_2$가 된다. 사면의 기울기가 δ이고, 경사방향으로 측정된 거리를 s라 하면 $d_1 = s \cdot \sin\delta$이고, $d_2 = s \cdot \cos\delta \cdot \tan\beta_d$이므로 깊이 $d = s \cdot (\sin\delta + \cos\delta \cdot \tan\beta_d)$이다. 경사방향이 아닌 경우(즉, $\alpha \neq 90°$)에는 측정거리 s''로부터 $s = s'' \cdot \sin\alpha$를 구하여 위의 식을 적용한다.

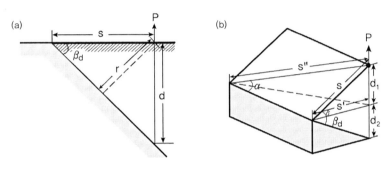

그림 3.25 특정 지층까지의 거리와 깊이

3.4 지질구조의 방향성 해석

절리, 단층 및 층리 등에 대한 야외 측정자료, 즉 방향과 기울기 자료를 토대로 해당 지역에서의 지질구조 분포의 전체적인 방향성을 해석하기 위하여 삼차원적인 지질구조가 갖는 방향성을 이차원적인 평면상에 투영하여 나타낸다. 각 지질구조의 상대적인 위치나 크기는 고려하지 않는다.

3.4.1 평사투영법

그림 3.26(a)와 같이 반지름이 R인 구의 적도면에 방위를 정하고 방향각 α와 기울기 β를 갖는 직선을 이 구의 중심을 지나도록 위치하면 직선은 구면과 두 점에

서 만난다. 이 점들을 극점(pole)이라 하며 이 중 남반구 상의 극점 P'를 적도면 상에 일정한 방법에 따라 점 P로 나타내는 것을 평사투영법(stereographic projection) 이라고 한다. 또한, 경사방향(dip direction)이 α_d이고 경사각(dip, 또는 dip angle) 이 β_d인 평면을 구의 중심에 옮겨 놓았을 때, 평면은 그림 3.26(b)와 같이 남반구 와 교차한다. 이 자취는 수많은 극점들의 집합으로 생각할 수 있으며 이 극점들을 적도면에 투영한다. 따라서 평면의 경우는 적도면 위에 대원(great circle)이라 불 리는 곡선으로 투영된다.

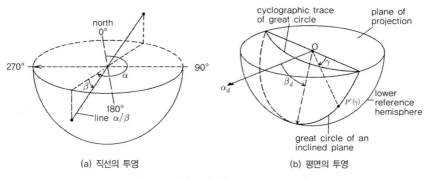

(a) 직선의 투영   (b) 평면의 투영

그림 3.26 평사투영법(Priest, S.D.,1985)

3.4.2 등각 투영과 등면적 투영

1) 등각 투영

등각 투영(equal-angle projection)은 그림 3.27(a)에서와 같이 남반구상의 점 P'를 구의 북극점 T와 연결한 직선이 적도면과 교차하는 점 P로 나타낸다. 적도면의 중 심으로부터 투영점 P까지의 거리는 $r = R\tan(90-\beta)/2$이다. 따라서 기울기 β가 90°인 직선은 적도면의 중심에, 기울기가 0°인 직선의 경우에는 원주 위의 한 점으 로 투영된다.

(a)

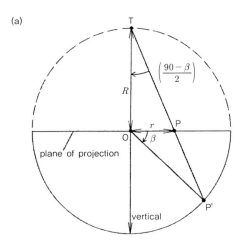

(b)

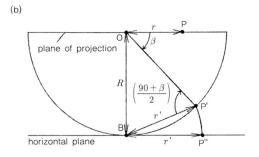

그림 3.27 (a) 등각 투영, (b) 등면적 투영(Priest, S.D., 1985; Priest, 1985)

2) 등면적 투영

등면적 투영(equal-area projection)은 그림 3.27(b)와 같이 남반구 상의 점 P'를 남극점 B와 연결한 직선 B''를 적도면에 투영한다. 이때, BP''의 길이 r'은 $r' = 2R \cos(90 + \beta)/2$이므로 수평한 직선의 경우 $r' = \sqrt{2}R$으로 반지름 R인 적도면 상에 나타낼 수 없다. 따라서 $r = r'/\sqrt{2}$로 축소하여 원주 위의 한 점으로 나타낸다. 수직한 직선의 경우에는 앞의 등각 투영과 마찬가지로 적도면의 중심점으로 나타난다. 적도면의 중심으로부터의 거리 r은 기울기 β에 따라 다음과 같다.

$$r = \sqrt{2}\,R\,\cos\left(\frac{90+\beta}{2}\right)$$

3.4.3 투영망

등각 투영이나 등면적 투영법을 사용하여 직선이나 평면들의 방향 및 기울기 자료들을 투영시키는 작업은 자료의 수가 증가할수록 시간과 노력이 소요된다. 따라서 이 작업을 신속하게 진행하기 위하여 투영망(net)을 사용한다. 투영망은 등각 투영이나 등면적 투영의 기준에 따라 직선이나 평면이 갖는 방향과 기울기를 나타낼 수 있다.

1) 극투영망

직선은 적도면에 하나의 점으로 투영되므로 그림 3.28의 극투영망(polar net)을 사용하여 편리하게 나타낼 수 있다. 이 polar net의 형태가 지구의 모양을 극점 위에서 본 것과 흡사하여 극투영법이라는 명칭을 사용하게 되었다. 투영망의 중심으로부터 방사형으로 그린 직선들은 0°~360°까지의 방향각, 그리고 동심원들은 서로 다른 기울기를 10° 간격으로 나타낸다. 동심원들의 반지름은 투영방법에 따라 달라진다.

극투영망은 공간상의 직선들의 표시하는 데 유용하며, 암반의 불연속면과 같은 평면들의 방향성을 해석하기 위해 각각의 불연속면에 수직인 직선, 즉 법선의 방향과 기울기 자료를 극투영망을 사용하여 해석할 수도 있다. 그러나 일반적으로 절리나 단층과 같은 평면의 투영은 적도 투영망을 사용한다.

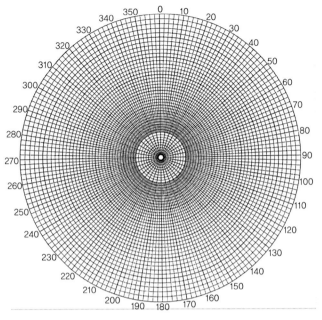

그림 3.28 등각투영에 의한 극투영망

2) 적도 투영

적도 투영(equitorial projection)은 직선이나 평면의 투영에 모두 편리하므로 대부분의 경우 사용된다. 적도 투영이라는 명칭은 이 투영법에서 사용하는 투영망이 지구를 적도선 상에서 바라본 모양과 유사하기 때문이다. 그림 3.29는 등각 투영법을 사용한 Wulff net이다. 지구의 위도와 비슷한 원호들을 대원(great circles)이라고 하고 경도와 비슷한 원호들을 소원(small circles)이라고 부른다. 대원은 한 평면이 남반구와 만나서 이루는 자취 상의 점들을 등각 투영이나 등면적 투영을 통해 적도면 상에 투영한 것이다. 따라서 수평한 평면은 적도면의 원주와 일치하고 수직인 평면은 적도면의 중심을 지나는 직선이 된다. 대원을 구성하는 점들은 모두 공간상의 직선들을 나타내며, 동일한 평면 또는 같은 주향을 갖는 평면들 상에서 pitch가 다른 직선들을 투영한 것이다. 여기서 pitch는 한 평면 위의 직선이 그 평면의 주향선이 이루는 각을 의미한다. 또한 소원은 주향이 동일하고 경사가 다른 평면들 위에서 동일한 pitch를 갖는 직선들을 투영한 것이다.

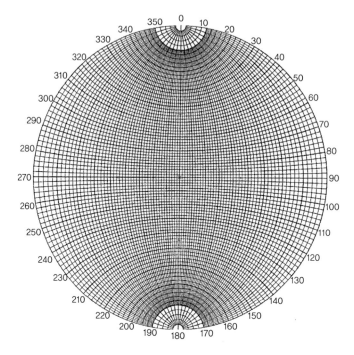

그림 3.29 Equatorial equal-angle net

3.4.4 자료 처리와 해석

지질구조의 방향성을 해석하기 위해서는 각각의 지질구조들을 투영망 위에 점으로 나타내는 것이 편리하다. 직선의 경우에는 방향각과 경사각 자료들로부터 투영망 위에 직접 표기하고 평면의 경우에는 평면에 수직한 법선의 방향각과 경사각을 사용한다. 이 경우, 투영망 위의 점의 위치와 실제 평면의 방향은 다르다는 것에 주의해야 한다. 즉, 투영망 위의 점은 실제 지질구조의 주향은 직각방향에 그리고 경사방향은 실제와는 반대 방향인 $90° - \beta$의 자리에 위치한다.

절리, 단층, 층리 등의 평면에 수직한 법선이 만드는 pole들은 그림 3.30(a)와 같은 pi diagram으로 나타낸다. 또한 pi diagram상의 일정 영역들에 포함된 점들의 개수와 전체 자료의 개수에 대한 백분율을 구하여 그림 3.30(b)와 같은 contour diagram을 작도한다. 이 contour diagram은 지질구조의 방향성 해석에 기초 자료로 사용한다.

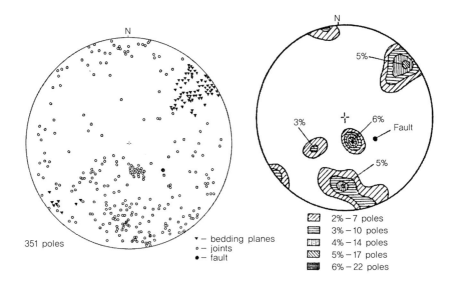

N

351 poles

▼ — bedding planes
○ — joints
● — fault

N

5%

3%   6%

Fault

5%

▨ 2% — 7 poles
▤ 3% — 10 poles
▦ 4% — 14 poles
▨ 5% — 17 poles
▨ 6% — 22 poles

그림 3.30 Pi diagram과 contour diagram

04 지하수

04 | 지하수

수문학(hydrology)은 넓은 의미에서 물의 전반적인 이동과 순환을 다루는 학문이며, 지하수학(groundwater hydrology) 또는 수리지질학(hydrogeology)은 땅속의 매질을 통해 일어나는 물의 이동을 다루는 학문이다. 지하수의 흐름은 매질의 수리적 특성, 즉 지하수를 투과시킬 수 있는 정도를 나타내는 수리전도도(hydraulic conductivity)와 지하수를 저류하거나 배출시킬 수 있는 정도를 나타내는 저류계수, 그리고 주변의 수리 조건에 따라 결정된다.

그림 4.1은 대기, 바다, 육지에서 수문 순환을 보여주는 모식도이다. 강수는 지표를 따라 흘러 강, 호수, 바다로 흘러가거나, 증발산을 통해 다시 구름을 형성한다. 지하로 침투한 강수는 불포화대(unsaturated zone 또는 vadose zone)에 흡착수로 존재하거나 나무뿌리에 흡수된다. 따라서 강수의 일부만이 최종적으로 지하 수계에 도착하여 함양을 일으키기 때문에, 강수는 지하수 함양에 있어서 아주 중요한 요소이다. 높은 산맥을 형성하는 지역에서 강수량이 많기 때문에 흔히 산맥지역에서 높은 수두(hydraulic head)를 형성한다. 반면 강, 호수, 바다 등은 수두가 낮다.

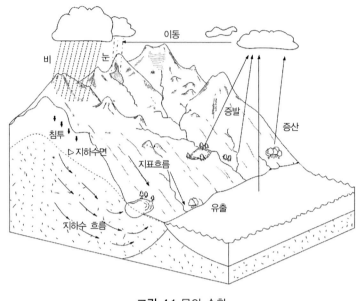

그림 4.1 물의 순환

지하수는 대수층의 물리적 특성과 수리조건에 따라 지하수위가 높은 산 지역에서부터 끊임없이 흘러 최종적으로 수두가 낮은 강, 호수, 또는 바다로 유출된다. 연안에서는 지하수보다 해수의 밀도가 크기 때문에 육지 쪽으로 해수침투가 일어난다. 따라서 바다 부근에서 지하수는 지하수−해수의 경계면을 따라 상승하면서 바다로 유출이 일어난다. 본 장에서는 대수층을 형성하는 지질매질의 물리적 특성, 지하수 유동의 원리, 그리고 최종적으로 현장에서 대수층 시험을 통해 대수층의 수리상수를 산출하는 방법을 다루고자 한다.

4.1 대수층의 종류

대수층(aquifer)이란 지하수를 저장하거나 상당한 양의 지하수를 배출시킬 수 있는 층으로 정의한다. 반면 지하수를 저장할 수는 있지만, 지하수의 흐름을 방해할 만큼 투수성을 떨어뜨리는 지질단위를 준대수층(aquitard)이라 한다. 준대수층은 대수층 상부에 놓여 가압층(confining layer)을 형성하기도 한다.

대수층이 상부와 하부에 투수율이 매우 작은 가압층으로 막혀 있으면 이를 피압대
수층(confined aquifer)이라 하며(그림 4.2), 상부가 가압층으로 막혀 있지 않고 지
표 가까이에 존재하면 이를 자유면 대수층(unconfined aquifer)이라 한다(그림
4.3). 피압대수층의 경우 지하수 함양이 대부분 산 정상부에 일어나며, 피압대수층
을 따라 천천히 흐른다. 피압대수층의 각 관정에서 지하수가 상승하는 지점을 연
결한 가상의 선을 수위면이라 하는데, 이 수위면이 지형보다 높게 형성되는 경우
관정에서 지하수가 분출하는 자분정이 된다. 만약에 피압대수층 상부의 가압층이
누수되는 경우를 누수대수층(leaky aquifer)이라 한다.

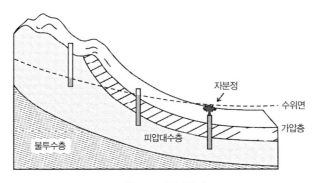

그림 4.2 피압대수층

그림 4.3 자유면 대수층 및 주수대수층

자유면 대수층에서 지하수면은 지형의 경사와 비슷하기 때문에, 지하수의 유동은
산에서 하천, 호수, 바다를 향해 일어난다. 자유면 대수층에서의 함양은 지하수면

(water table) 상부의 불포화대(unsaturated zone 또는 vadose zone)를 통해 지하수면까지 중력에 따라 아래 방향으로 일어난다. 불포화대에서 투수성이 매우 작은 불투수층이 렌즈 형태로 존재하는 경우, 지표에서 지하로 침투한 물이 불투수층 위에 포화층을 형성한다(그림 4.3). 이를 주수대수층(perched aquifer)이라 하며, 빙하 퇴적지나 투수성이 매우 낮은 화산재가 투수성이 좋은 화산암 사이에 존재하는 경우 발달한다.

지하수면 상부에 포화층이 존재할 수 있는데, 이는 모세관 현상에 따라서 형성되기 때문에 모세관대라 한다(그림 4.4). 모세관대(capillary fringe)는 입자의 크기가 작으면 작을수록 높게 형성된다. 입자의 직경이 1~2mm인 조립질 모래의 경우 6.5cm, 입자의 직경이 0.1~0.05mm인 실트의 경우 약 1m까지 모세관대가 형성될 수 있다. 우물의 직경은 충분히 크기 때문에 우물에서 관찰되는 수면은 지하수면과 동일하다.

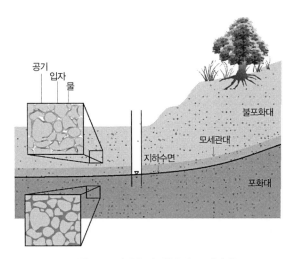

그림 4.4 지하수면 상부의 모세관대

4.2 매질의 공극률

암석과 토양은 어느 정도의 공극을 포함하며, 이러한 공극을 통해 지하수가 유동하거나 저류한다. 따라서 공극은 지하수의 유동을 이해하는 데 가장 기본적인 특성이다. 공극률(n)은 암석이나 토양의 체적(V) 중 공극이 차지하는 부피(V_v)로 정의된다.

$$n(\%) = \frac{V_v}{V} \times 100 \tag{4.1}$$

암석은 풍화되고 이동하여 퇴적층을 형성한다. 퇴적층은 이동하는 과정에서 분급이 일어나 비교적 같은 입자들로 구성하거나, 모래와 자갈 등을 혼합하여 퇴적층을 형성하기도 한다. 분급이 잘된 퇴적층은 분급이 좋지 않은 층에 비해 공극률이 크다(그림 4.5).

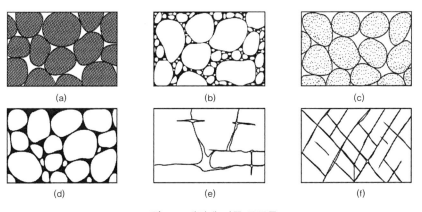

그림 4.5 매질에 따른 공극률

암반의 공극은 암석이 만들어질 때 형성되는 암석 매질 자체의 공극과 지각 변동에 따라 만들어지는 파쇄대, 절리와 같은 불연속면들로 구성한다. 결정질암의 경우 암석 매질 자체의 공극률이 매우 작고 공극간의 연결이 미약하여 지하수 흐름에 크게 기여하지 못한다. 따라서 지하수의 유동은 대부분 불연속면을 통해 이루어진다. 반면 퇴적암의 경우 층리와 불연속면뿐만이 아니라 암석 매질 자체의 공극을 통해서도 지하수의 유동이 일어날 수 있다.

표 4.1 매질에 따른 공극률의 범위(Davis, 1969, Johnson & Morris, 1962)

구분	매질	공극률(%)
퇴적물	조립 자갈	23 ~ 36
	세립 자갈	25 ~ 38
	조립 모래	31 ~ 46
	세립 모래	26 ~ 53
	실트	34 ~ 61
	점토	34 ~ 60
퇴적암	사암	5 ~ 30
	실트암	21 ~ 41
	석회암, 백운암	10 ~ 20
	카르스트 석회암	5 ~ 50
	셰일	0 ~ 10
결정질 암석	균열이 있는 결정질 암반	10 ~ 10
	조밀한 결정질 암반	0 ~ 5
	현무암	3 ~ 35
	풍화된 화강암	34 ~ 57
	풍화된 반려암	42 ~ 45

4.3 매질의 저류특성

대수층에서 수두가 변하면, 지하수는 대수층에 저장되거나 대수층으로부터 배출되는데 이러한 대수층의 특성을 저류계수(storativity)라 한다. 그림 4.6은 자유면 대수층과 피압대수층에서 단위 수두강하에 따라 배출되는 지하수의 양을 도시적으로 나타낸 그림이다. 개념적으로 자유면 대수층에서 일어나는 지하수의 배출은 이해하기가 쉽다. 즉, 수두하강으로 지하수면이 하강하면서 그 안에 있던 지하수가 중력에 따라 배출된다. 이때 단위 수두강하(Δh) 시 단위 면적(A)에서 배출되는 지하수의 부피(V_w)를 비산출 계수(specific yield, S_y)라 한다.

$$S_y = V_w/A/\Delta h \tag{4.2}$$

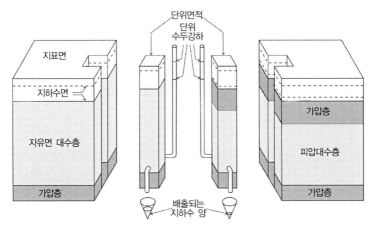

그림 4.6 자유면 대수층과 피압대수층에서 단위 수두강하에 따라 배출되는 지하수의 양

Johnson(1967)은 다양한 매질에 대한 비산출률을 제시하였다(표 4.2).

표 4.2 매질에 따른 비산출률(Johnson, 1967)

매질	비산출률(%)
조립 자갈	23
중립 자갈	24
세립 자갈	25
조립 모래	27
중립 모래	28
세립 모래	23
실트	8
점토	3
세립질 사암	21
중립질 사암	27
석회암	14
사구	38
황토	18
이탄	44
편암	26
실트암	12
실트가 우세한 표석점토	6
모래가 우세한 표석점토	16
자갈이 우세한 표석점토	16
응회암	21

반면 피압대수층의 경우 수두가 가압층보다 높게 형성하는 경우가 많기 때문에(그림 4.2), 피압대수층 내에서는 수두강하에 따른 직접적인 수위면의 하강이 일어나지 않고, 단순한 수압의 변화만이 일어난다. 따라서 자유면 대수층과 달리 지하수의 배출을 개념적으로 이해하기 다소 어려운 측면이 있다. 수두의 변화가 피압대수층 내 수압을 변화시키고, 이는 대수층 내 입자들을 팽창 또는 수축시킨다. 입자들 사이에 존재하는 공극수는 수압이 감소하면 팽창하고, 수두가 상승하면 수축한다. 수압이 감소하면, 입자들은 수축되면서 물이 배출되고, 또한 공극수는 팽창하여 부가적인 지하수의 배출이 일어난다. 단위 수두강하(Δh) 시 대수층 매질과 공극수의 압축률에 따라 포화층의 단위체적(V)에 저장되거나, 단위체적으로부터 배출되는 지하수의 양(V_w)을 비저류 계수(specific storage, S_s)라 한다. 따라서 비저류 계수는 다음의 식으로 나타낼 수 있다.

$$S_s = \rho_w g(\alpha + n\beta) \tag{4.3}$$

여기서 ρ_w는 물의 밀도, g는 중력가속도, α는 대수층 매질의 압축률, β는 물의 압축률이다. 비저류 계수는 지하수의 저장 또는 배출 과정이 수두강하에 탄성처럼 반응하기 때문에 탄성 저류계수라고 부르기도 한다. 비저류 계수에 피압대수층의 두께를 곱하면 피압대수층의 저류계수(S)가 된다.

$$S = S_s b \tag{4.4}$$

비저류 계수가 1/L 차원을 갖기 때문에, 저류계수는 무차원이 된다. 피압대수층의 저류계수는 0.005 이하이다.

자유면 대수층의 경우, 수두강하 시 아주 초기에 피압대수층처럼 매질입자나 공극수의 압축률에 따라 지하수의 배출이 일어나며, 그 이후 지하수면이 하강하면서 중력배수를 통해 물이 배출된다. 따라서 원칙적으로 자유면 대수층에서의 저류계수는 다음과 같다.

$$S = S_y + S_s b \tag{4.5}$$

그러나 탄성저류를 통해 배출되는 지하수의 양이 중력배수를 통해 배출되는 지하수에 비해 매우 적기 때문에 비산출 계수가 자유면 대수층의 저류계수가 된다. 자유면 대수층의 저류계수는 0.02~0.30의 범위를 보인다.

4.4 지하수 유동의 원리

4.4.1 Darcy 법칙

프랑스 학자 Henry Darcy는 다공질 매질을 대상으로 흥미로운 수리실험을 수행하였다(그림 4.7). 다공질 매질을 통해 배출되는 물의 유량(Q)은 두 실린더 사이의 수두 차($h_1 - h_2$)와 실린더의 단면적(A)에 비례하며, 실린더 길이(L)에 반비례한다는 흥미로운 사실들을 제시하였다. 이 결과에 비례상수 K를 도입하여 Darcy 법칙으로 표현하였다.

$$Q = KA\frac{(h_1 - h_2)}{L} \tag{4.6}$$

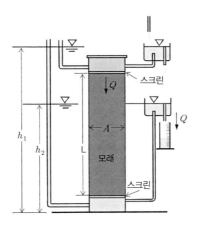

그림 4.7 Darcy의 수리실험 모식도

식 (4.6)에서 h는 임의의 수평 기준면(datum level)으로 부터의 길이, K는 L/T의 차원을 가지며, 다공성 매질의 투수성과 유체의 점성력과 밀도를 반영하는 계수이다. 그러나 지하수계에서 유일한 유체는 물이기 때문에 점성력과 밀도는 거의 일정하다. 따라서 비례상수 K를 매질의 수리전도도(hydraulic conductivity) 또는 투수계수(coefficient of permeability)라 부른다. 식 (4.6)은 수리경사(hydraulic gradient)를 이용하여 다음 식으로 표현할 수 있다.

$$Q = -KA\frac{dh}{dl} \tag{4.7}$$

여기서 수리경사는 dh/dl는 벡터이며, 방향은 수두가 낮은 곳에서 높은 곳을 향한다. 따라서 '$-$'를 첨가한 것은 지하수 흐름이 수두가 높은 곳에서 낮은 곳으로 일어나는 자연 현상을 수학적으로 표현하기 위함이다. 참고로 식 (4.6)은 이미 수두가 큰 h_1에서 수두가 작은 h_2로 향하기 때문에 '$-$'가 필요하지 않다. 만약 h_2에서 h_1을 차감했을 때 '$-$' 값이 나온다면, 이는 지하수가 h_1에서 h_2로 유동이 일어남을 의미한다. 식 (4.7)의 양변을 단면적(A)으로 나누어 얻는 q를 비유출(specific discharge), 또는 Darcy 속도라 한다.

$$q = \frac{Q}{A} = -K\frac{dh}{dl} \tag{4.8}$$

여기서 q는 속도와 같은 L/T의 차원을 갖는다. 그러나 q는 겉보기 속도(superficial velocity)로 다공성 매질에서 일어나는 실제 속도와는 다르다. 그 이유는 실제 물 입자가 다공성 매질을 통해 흘러가는 실제 길이는 외관상의 두 지점 사이의 길이보다 훨씬 길기 때문이다. 따라서 다공성 매질을 통한 실제 흐름을 나타내기 위해서 다공성 매질의 유효공극률 n_e로 식 (4.8)을 나누어 선속도(linear velocity) 또는 침출속도(seepage velocity) v를 얻는다.

$$v = \frac{q}{n_e} = \frac{Q}{An_e} = -\frac{K}{n_e}\frac{dh}{dl} \tag{4.9}$$

4.4.2 Darcy 법칙의 적용한계

유체가 유동을 하면 층과 층의 경계면에 작용하는 전단응력에 따라 유체의 흐름이 제약을 받는다. 전단응력은 점성계수(viscosity)와 속도에 비례한다. 따라서 유속이 느리면 유체 입자는 자신이 속한 층을 따라 일정하게 흘러가는데, 이러한 유체의 흐름을 층류(laminar flow)라 한다(그림 4.8). 층류에서는 점성력(viscous force)이 지배적인 흐름이 형성된다. 그러나 유속이 커지면 유체의 관성력(inertial force)이 점성력보다 훨씬 커진다. 관성력은 유속의 2승에, 점성력은 유속의 1승에 비례하기 때문에, 유속이 커지면 점성력에 따라 더 이상 층과 층 사이의 흐름을 간섭하거나 제약할 수 없다. 이때 난류(turbulent flow)가 발생한다(그림 4.8). 식 (4.7)의 Darcy 법칙은 유량과 수리경사가 선형적인 관계를 보인다. 그러나 수리경사(또는 유속)가 커져 어느 한계를 벗어나면 수리경사－유량은 선형 관계를 벗어나 비선형 관계를 보이기 시작한다. 이러한 비선형 흐름(nonlinear flow)에서 Darcy 법칙은 유효하지 않다. 이 비선형 흐름 영역에서 Darcy 법칙을 적용하면 실제보다 유량을 과대평가할 수 있다.

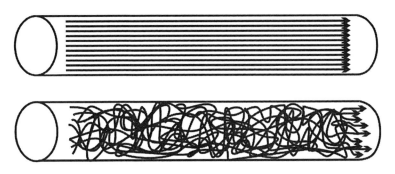

그림 4.8 층류(위)와 난류(아래)를 보여주는 모식도

Darcy 법칙의 적용한계를 나타내는 방법으로써 Reynolds number(Re)를 이용한다. Re는 관성력과 점성력의 상대적인 힘의 비교를 나타낸다.

$$Re = \frac{\rho v d}{\mu} \tag{4.10}$$

여기서 μ는 동점성도(dynamic viscosity), d는 다공성 매질의 평균 공극직경 또는 평균 입자 크기이다. $Re > 1$이면 관성력이 점성력보다 커지며, 그 반대의 경우 점성력이 지배적인 흐름이 된다. 따라서 $Re < 1$이면 Darcy 법칙이 유효하며, $Re = 10$까지도 유효한 것으로 나타난다.

4.4.3 수두

Darcy 실험을 통해서 보았듯이 대수층에서 지하수 흐름은 어떤 두 지점 사이의 수두 차이에 발생한다. 수두 차이가 없다면 지하수의 흐름은 일어나지 않는다. 수두는 어떤 지점에 작용하는 역학적 에너지의 합으로 나타난다. 여기서 지하수의 온도는 일정하다고 가정하여 열에너지는 고려하지 않기로 한다. 따라서 어떤 지점에 작용하는 총 에너지(E)는 베르누이(Bernoulli) 식에 따라 압력에너지, 위치에너지, 운동에너지의 합으로 나타낼 수 있다.

$$E = \frac{P}{\rho g} + z + \frac{v^2}{2g} \qquad (4.11)$$

여기서 P는 유체의 압력이며, z는 기준선에서 측정 지점까지의 높이이다. 베르누이 식은 점성이 없는 비압축성 유체가 완만한 유선을 따라 흐르는 정상류 조건에서 총 에너지는 일정하다는 것이다. 실제 점성을 가지고 있는 유체는 유동을 하면서 고체표면이나 유체의 층과 층 사이에 발생하는 마찰에 따라 에너지의 손실이 발생한다. 따라서 물이 흐르기 위해서는 두 지점 사이에 에너지 차이가 있어야 함을 의미한다. 베르누이 식과 에너지 손실 개념을 이용하여 지점 1, 2에서의 총 에너지는 다음과 같다(그림 4.9).

$$\frac{P_1}{\rho_w g} + z_1 + \frac{v_1^2}{2g} = \frac{P_2}{\rho_w g} + z_2 + \frac{v_2^2}{2g} + \Delta h \qquad (4.12)$$

Δh는 지점 1에서 지점 2로 물이 이동하기 위해 필요한 에너지가 된다. 식 (4.12)의 세 번째 항은 운동에너지와 관련된 항으로 속도 2승에 비례한다. 따라서 대수층에서 지하수의 유속은 매우 작기 때문에 압력에너지, 위치에너지에 비해 운동에너지는 지하수계에서 무시된다. 따라서 식 (4.12)는 다음과 같다.

$$\Delta h = \left(\frac{P_1}{\rho_w g} + z_1 \right) - \left(\frac{P_2}{\rho_w g} + z_2 \right) \qquad (4.13)$$

식 (4.13)의 모든 항은 길이 (L)의 차원으로서, 괄호 안의 첫 번째 항을 압력수두(pressure head), 두 번째 항을 위치수두(elevation head)라고 하며 압력수두와 위치수두의 합을 그 지점에서의 수두(hydraulic head)라고 한다. 수두 차에 따라 지하수는 수두가 높은 지점에서 낮은 지점으로 흐른다.

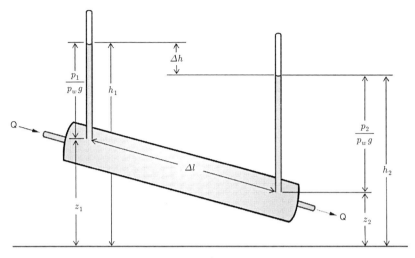

그림 4.9 위치수두(z), 압력수두($P/\rho_w g$), 수두(h)를 보여주는 모식도

4.4.4 수리전도도와 투수율

Darcy 법칙의 수리전도도는 다공성 매질의 투수 성질과 유체의 특성을 모두 포함한 계수이다. 수리전도도를 매질과 유체의 특성으로 나타낼 수 있다. 다공질 매질을 통해 배출되는 유량은 유체의 비중(specific weight)과 매질 직경의 제곱에 비례하나, 유체의 동점성도에 반비례한다. 이를 이용하여 Darcy 법칙을 다음과 같이 나타낼 수 있다.

$$Q = -\frac{Cd^2\gamma}{\mu} A \frac{dh}{dl} \tag{4.14}$$

여기서 C는 형상계수, $\gamma(=\rho g)$는 비중이다. 따라서 식 (4.14)와 식 (4.7)을 통해 다음 관계식을 얻을 수 있다.

$$K = \frac{Cd^2\gamma}{\mu} = \frac{k\rho g}{\mu} \tag{4.15}$$

여기서 Cd^2을 다공성 매질의 고유투수계수(intrinsic permeability)라 한다. 고유투수계수(k)는 L^2의 차원을 갖으며, 유체의 특성과 무관한 다공성 매질의 고유투수 능력이다. 석유 분야에서는 고유투수계수의 단위로 darcy를 사용한다. 물이 흐르는 대수층을 가정하여 1darcy를 수리전도도로 환산하면 8.5×10^{-6}m/s가 된다.

$$1darcy = 0.987(\mu m)^2 = 9.87 \times 10^{-9} cm^2 \qquad (4.16)$$

석유 저류층처럼 여러 유체가 존재하여 다상(mulitphase) 흐름이 형성되는 경우, 수리전도도는 흐르는 유체에 따라 바뀌지만 고유투수계수는 바꾸지 않는다. 따라서 다상 흐름을 고려하는 유동계에서는 수리전도도보다 고유투수계수를 사용한다. 그러나 지하수계에서 유체란 물뿐이고, 물의 동점성도와 밀도는 일정하기 때문에 수리전도도는 다공성 매질의 투수 성질에 따라서 바뀐다. 따라서 지하수학에서는 수리전도도를 사용한다. 표 4.3은 다양한 매질에 대한 수리전도도의 범위를 보여 준다.

표 4.3 매질에 따른 수리전도도의 범위

	매질	수리전도도(m/sec)
퇴적물	자갈	$3 \times 10^{-4} \sim 3 \times 10^{-2}$
	조립 모래	$9 \times 10^{-7} \sim 6 \times 10^{-3}$
	중립 모래	$9 \times 10^{-7} \sim 5 \times 10^{-4}$
	세립 모래	$2 \times 10^{-7} \sim 2 \times 10^{-4}$
	실트, 황토	$1 \times 10^{-9} \sim 2 \times 10^{-5}$
	표석점토	$1 \times 10^{-12} \sim 2 \times 10^{-6}$
	점토	$1 \times 10^{-11} \sim 4.7 \times 10^{-9}$
	풍화 받지 않은 해성점토	$8 \times 10^{-13} \sim 2 \times 10^{-9}$
퇴적암	카르스트와 초석회암	$1 \times 10^{-6} \sim 2 \times 10^{-2}$
	석회암, 백운암	$1 \times 10^{-9} \sim 6 \times 10^{-6}$
	사암	$3 \times 10^{-10} \sim 6 \times 10^{-6}$
	실트암	$1 \times 10^{-11} \sim 1.4 \times 10^{-8}$
	암염	$1 \times 10^{-12} \sim 1 \times 10^{-10}$
	경석고	$4 \times 10^{-13} \sim 2 \times 10^{-8}$
	셰일	$1 \times 10^{-13} \sim 2 \times 10^{-9}$
결정질암	투수성 현무암	$4 \times 10^{-7} \sim 2 \times 10^{-2}$
	파쇄 화강암과 변성암	$8 \times 10^{-9} \sim 3 \times 10^{-4}$
	풍화된 화강암	$3.3 \times 10^{-6} \sim 5.2 \times 10^{-5}$
	풍화된 반려암	$5.5 \times 10^{-7} \sim 3.8 \times 10^{-6}$
	현무암	$2 \times 10^{-11} \sim 4.2 \times 10^{-7}$
	비파쇄 화강암과 변성암	$3 \times 10^{-14} \sim 2 \times 10^{-10}$

4.4.5 수리전도도 측정

매질의 수리전도도는 대수층의 수리적 특성 중 가장 중요한 수리매개변수이다. 수리전도도는 실내 실험, 현장 시험 또는 경험식을 통해 결정된다. 경험식은 입자의 직경이나 입자의 분포를 이용해서 추정하는 방법이다. 현장 시험은 양수정에서 양수하고 관측정에서 수두 변화를 측정하여 대수층의 수리매개변수를 측정하는 대수층 시험(aquifer test)과 관정에 고형의 슬러그를 투입하여 수위를 상승시킨 후 시간에 따른 수위강하 비율을 측정하여 수리전도도를 산출하는 순간 충격 시험(slug test)이 있다. 대수층 시험과 순간 충격 시험은 실내 실험에 비해 상세한 설명이 필요하기 때문에 4.11절과 4.12절에서 따로 다루기로 한다.

실내 실험에서는 투수 측정기(permeameter)를 이용하여 수리전도도를 산출한다. 그림 4.10(a)와 같이 측정기의 주입구와 배출구의 수두를 일정하게 유지시켜, 시료의 양 끝에 수두 차 h를 갖도록 한다. 이때 완전히 물로 포화된 시료를 통해 배출되는 물의 유량을 측정하여 수리전도도를 산출한다. 이를 정수두 투수 측정기라 하며, 수리전도도는 Darcy 법칙을 이용하여 계산할 수 있다.

$$K = \frac{QL}{Ah} = \frac{VL}{Aht} \tag{4.17}$$

여기서 V는 단위 시간 t 동안 배출된 물의 부피이며, A는 시료의 단면적, L은 시료의 길이다.

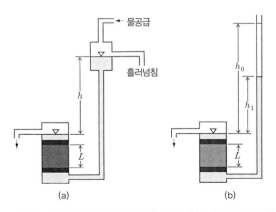

그림 4.10 (a) 정수두 투수 측정기, (b) 변수두 투수 측정기

변수두(falling head) 투수 측정기는 관을 통해 주입된 물이 어떤 시간 동안 하강하는 수두를 측정하여 수리전도도를 산출하는 측정기이다[그림 4.10(b)]. 즉, 주입된 물의 하강 속도는 시료의 특성에 따라 결정된다는 원리를 이용한 측정기이다. 배출구에서는 정수두 투수 측정기와 같이 시료를 통해 배출된 물이 넘쳐흐르게 하여 수두를 일정하게 유지시킨다. 관에서 수두가 h_0에서 h_1로 하강할 때 걸린 시간(t)을 측정하여 다음 식과 같이 수리전도도를 산출한다. 여기서 a는 주입관의 단면적이다.

$$K = \frac{aL}{At} \ln\left(\frac{h_0}{h_1}\right) \tag{4.18}$$

마지막으로 현장에서 추적자 시험을 이용하여 대수층의 수리전도도를 산출할 수 있다. 한 관정에 비 반응성 보존 추적자(흔히 염소이온, Cl^-)를 주입한 후, 다른 관정에서 그 농도를 측정하여 가장 높은 농도가 관측될 때까지 걸린 시간(t)을 측정한다(그림 4.11).

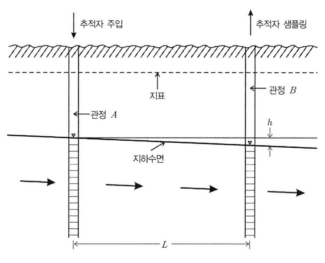

그림 4.11 자유면 대수층에서의 추적자 시험

두 관정 사이의 거리를 걸린 시간으로 나누면 선속도가 되며, 선속도의 식 (4.19)를 수리전도도에 관하여 정리하면 다음과 같다.

$$K = \frac{n_e L^2}{ht}$$

(4.19)

하지만 추적자 시험은 두 관정 사이의 거리가 멀면 시험 시간이 너무 오래 걸리거나, 추적자의 농도가 높지 않으면 검출이 되지 않을 수도 있다. 또한 농도가 너무 높으면 오히려 밀도류를 형성하여 자유 수리경사를 따라 흘러가지 않고, 밀도에 따라 아래로 내려갈 수 있어 주의가 필요하다. 또한 두 관정 사이가 실제 지하수 흐름의 방향이 아닌 경우 추적자가 검출되지 않을 수 있다.

4.5 이방성 불균질 매질에서의 지하수 유동

4.5.1 이방성과 불균질성

다공성 매질의 공극이 모든 방향으로 동일한 경우, 모든 방향에서 일정한 수리전도도를 갖는다[그림 4.12(a)]. 이를 등방성(isotropic)이라 한다. 그러나 공극이 방향에 따라 일정하지 않아 수리전도도가 방향에 따라 다른 값을 갖는데 이를 이방성(anisotropic)이라 한다[그림 4.12(b)]. 그림 4.12(b)의 경우 수평 방향의 수리전도도가 수직 방향보다 크다. 수리전도도의 등방성, 이방성 특성은 매질 입자의 형태와 방향에 따라 결정된다.

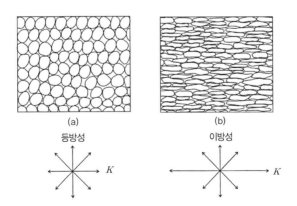

그림 4.12 입자의 형태와 방향에 따른 등방성, 이방성 수리적 특성

대수층의 수리적 특성이 공간적으로 바뀔 수 있다. 공간적으로 수리적 특성이 일정하면 균질한(homogeneous) 대수층, 공간적으로 변하면 불균질(heterogeneous) 대수층이라 한다. 지층은 두께가 얇은 층부터 수 m 단위의 층까지 여러 개의 층들을 포함하기도 한다(그림 4.13). 그림 4.13에서 각각의 층만을 본다면 입자의 크기가 균일하여, 수리적 특성이 공간적으로 균질할 수 있다. 하지만 전체 퇴적층은 각 지층의 수리적 특성이 다른 지층에서 달라지기 때문에 불균질한 대수층이 된다. 그림 4.12의 경우 두 매질의 수리적 특성이 등방성과 이방성으로 다르지만, 두 매질은 공간적으로 수리적 특성이 바뀌지 않아 균질하다. 결정질암의 경우 단열 등으로 수리적 특성이 일정하지 않고 공간적으로 바뀐다. 따라서 대부분의 결정질암의 경우 불균질한 특성을 보인다.

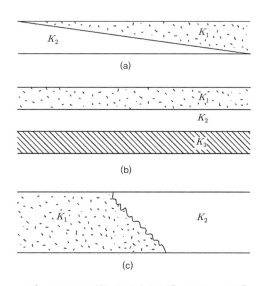

그림 4.13 불균질한 수리적 특성을 보이는 퇴적층

4.5.2 평균 수리전도도

그림 4.14의 퇴적층은 각 지층마다 수리적 특성이 다른 불균질한 대수층을 이룬다. 하지만 이 불균질 지층은 수평 방향의 수리전도도와 수직 방향의 수리전도도를 갖는 하나의 균질한 이방성 대수층으로 간주할 수 있다.

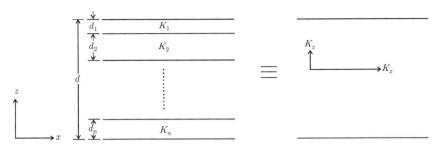

그림 4.14 불균질과 이방성의 상관관계

그림 4.15와 같이 수리전도도와 두께가 다른 두 개의 지층으로 구성된 대수층을 고려해보자. 지층의 방향과 평행한 수평 흐름과 지층을 가로지르는 수직 흐름이 일어난다고 가정해보자. 그림 4.14처럼 이 지층들은 수리전도도가 수평 흐름에 대해서는 가장 큰 반면 수직 흐름에서는 가장 작은 하나의 균질 이방성 매질처럼 작용할 것이다.

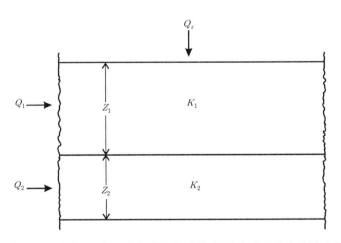

그림 4.15 수리전도도와 두께가 다른 두 층을 통한 수평 흐름과 수직 흐름

먼저 각 지층을 통해 수평 흐름이 일어날 때, 전체 지층에 대한 평균 수평 수리전도도를 계산해보자. 대수층은 그림 평면의 수직인 방향으로 무한하기 때문에 지층 1, 2를 통한 단위 폭당 유량을 계산해보자. 단위 폭당 유량 q_1, q_2는 다음과 같다.

$$q_1 = -K_1 z_1 \frac{dh}{dl}, \quad q_2 = -K_2 z_2 \frac{dh}{dl} \tag{4.20}$$

지층 1, 2를 하나의 균질한 매질로 보았을 때의 수평 흐름을 고려하면, 단위 폭당 유량(q_x)은 다음과 같다.

$$q_x = -K_x (z_1 + z_2) \frac{dh}{dl} \tag{4.21}$$

여기서 K_x는 여러 개의 지층으로 구성된 불균질 매질을 대표하는 평균 수평 수리 전도도이다. 식 (4.20)과 (4.21)은 질량 보존의 법칙에 따라 같아야 한다.

$$q_x = q_1 + q_2 \tag{4.22}$$

또는,

$$-K_x (z_1 + z_2) \frac{dh}{dl} = -K_1 z_1 \frac{dh}{dl} - K_2 z_2 \frac{dh}{dl} \tag{4.23}$$

식 (4.23)을 이용하여 K_x는 다음과 같다.

$$K_x = \frac{K_1 z_1 + K_2 z_2}{z_1 + z_2} \tag{4.24}$$

식 (4.24)를 여러 개의 지층으로 구성된 불균질 매질로 확대하여 일반화시킬 수 있다.

$$K_x = \frac{\sum\limits_{i=1}^{n} K_i z_i}{\sum\limits_{i=1}^{n} z_i} \tag{4.25}$$

이번에는 지층들을 가로지르는 수직 흐름이 일어날 때 매질의 평균 수직 수리전도 도를 계산해보자. 수직 흐름이 형성될 때, 대수층은 단면적 방향으로 무한히 뻗어 있는 지층이 된다. 따라서 지층 1, 2를 통한 단위 면적당 유량 q_1, q_2는 다음과 같다.

$$q_1 = -K_1 \frac{dh_1}{z_1}, \quad q_2 = -K_2 \frac{dh_2}{z_2} \tag{4.26}$$

층 1, 2를 하나의 균질한 매질로 보았을 때, 그때의 수직 흐름을 고려하면 단위

면적당 유량(q_z)은 다음과 같다.

$$q_z = -K_z \frac{dh}{z} = -K_z \frac{dh_1 + dh_2}{z} \qquad (4.27)$$

여기서 K_z는 여러 개의 지층으로 구성된 불균질 매질을 대표하는 평균 수직 수리 전도도이다. 식 (4.26)을 dh_1, dh_2에 대해 정리한 후, 식 (4.27)에 대입하면, K_z는 다음과 같다.

$$K_z = \frac{z_1 + z_2}{\dfrac{z_1}{K_1} + \dfrac{z_2}{K_2}} \qquad (4.28)$$

식 (4.28)을 여러 개의 지층으로 구성된 불균질 매질로 확대하여 일반화시킬 수 있다.

$$K_z = \frac{z_i}{\displaystyle\sum_{i=1}^{n} \frac{z_i}{K_i}} \qquad (4.29)$$

위와 같이 여러 개의 지층으로 구성된 불균질 대수층을 평균 수평, 수직 수리전도도 K_x, K_z를 갖는 균질한 이방성 대수층으로 나타낼 수 있다.

4.5.3 이방성 매질에 대한 Darcy 법칙

Darcy 법칙은 등방성 매질, 즉 수리전도도가 모든 방향에서 일정한 매질에서만 유효하다. 따라서 수리경사와 Darcy 속도의 방향은 일치한다. 그러나 대수층은 흔히 수리전도도가 다른 여러 지층들로 구성된다. 그림 4.16처럼 수리전도도가 다른 매질들이 교호로 층을 이루는 지층을 고려해보자. 이 경우 지층의 방향과 평행인 방향으로 수리전도도가 가장 큰 반면, 지층과 직각인 방향으로 수리전도도가 가장 작은 하나의 이방성 매질로 간주할 수 있을 것이다. 수평(x) 방향으로 수리경사가 가해져도 경사진 지층 때문에 x, y 방향의 Darcy 속도 q_x, q_y를 갖게 되어, Darcy 속도의 방향은 수리경사와 다른 방향으로 형성된다(그림 4.15). 즉, 이방성 매질에 대해서는 Darcy 법칙을 적용할 수가 없어 보다 일반화된 Darcy 법칙이 필요하다.

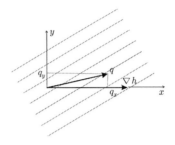

그림 4.16 경사진 지층에서의 수리경사와 Darcy 속도 방향

Darcy 법칙을 일반화하기 위해서 텐서(tensor)의 개념을 도입할 필요가 있다. 수리전도도는 어떤 지점에서든지 그 크기와 수반된 두 개의 방향을 갖는다. 텐서는 좌표계의 회전에 따른 전환법칙(transformation rule)에 따라 정의된다. 이해를 돕기위해 먼저 좌표 전환을 고려해보자. 여러 개의 지층으로 구성된 매질과 평행, 수직인 축 x^*, y^*을 도입하자[그림 4.17(a)]. 새로운 x^*, y^* 좌표계 상의 한 점은 x, y 좌표계와 관련하여 다음 식으로 나타낼 수 있다[그림 4.17(b)].

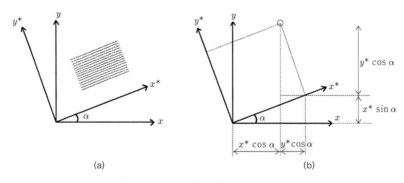

그림 4.17 불균질 매질에서의 좌표계 회전

$$x = x^*\cos\alpha - y^*\sin\alpha, \quad y = x^*\sin\alpha - y^*\cos\alpha \tag{4.30}$$

x^*, y^* 좌표계에 대한 Darcy 속도 q_x^*, q_y^*를 나타내면 다음과 같다.

$$q_x^* = -K_1\frac{\partial h}{\partial x^*}, \quad q_y^* = -K_2\frac{\partial h}{\partial y^*} \tag{4.31}$$

여기서 K_1는 지층에 평행한 방향의 수리전도도, K_2는 지층에 수직인 방향의 수리전도도를 의미한다. 즉, K_1, K_2는 식 (4.25), 식 (4.29)의 평균 수평, 수직 수리전도도를 나타낸다. 좌표전환 식 (4.30)과 유사하게 x, y 좌표계에 대한 Darcy 속도 q_x, q_y를 q_x^*, q_y^*에 관하여 나타낼 수 있다.

$$q_x = q_x^* \cos\alpha - q_y^* \sin\alpha, \quad q_y = q_x^* \sin\alpha + q_y^* \cos\alpha \tag{4.32}$$

식 (4.31)을 식 (4.32)에 대입하면 Darcy 속도 q_x, q_y는 다음과 같다.

$$q_x = -K_1 \frac{\partial h}{\partial x^*} \cos\alpha + K_2 \frac{\partial h}{\partial y^*} \sin\alpha \tag{4.33}$$

$$q_y = -K_1 \frac{\partial h}{\partial x^*} \sin\alpha - K_2 \frac{\partial h}{\partial y^*} \cos\alpha$$

연쇄법칙(chain rule)과 식 (4.30)에 대한 미분을 이용하여 다음을 얻을 수 있다.

$$\frac{\partial h}{\partial x^*} = \frac{\partial h}{\partial x}\frac{\partial x}{\partial x^*} + \frac{\partial h}{\partial y}\frac{\partial y}{\partial x^*} = \frac{\partial h}{\partial x}\cos\alpha + \frac{\partial h}{\partial y}\sin\alpha$$
$$\frac{\partial h}{\partial y^*} = \frac{\partial h}{\partial x}\frac{\partial x}{\partial y^*} + \frac{\partial h}{\partial y}\frac{\partial y}{\partial y^*} = -\frac{\partial h}{\partial x}\sin\alpha + \frac{\partial h}{\partial y}\cos\alpha \tag{4.34}$$

식 (4.34)를 식 (4.33)에 대입하여 이방성 매질에 대한 Darcy 속도를 구할 수 있다.

$$q_x = -K_{xx}\frac{\partial h}{\partial x} - K_{xy}\frac{\partial h}{\partial y}, \quad q_y = -K_{yx}\frac{\partial h}{\partial x} - K_{yy}\frac{\partial h}{\partial y} \tag{4.35}$$

여기서,

$$K_{xx} = K_1 \cos^2\alpha + K_2 \sin^2\alpha$$

$$K_{xy} = K_{yx} = (K_1 - K_2)\sin\alpha\cos\alpha \tag{4.36}$$

$$K_{yy} = K_1 \sin^2\alpha + K_2 \cos^2\alpha$$

이다. 만약에 지층의 방향이 좌표계의 한 축과 평행하다면, 식 (4.36)에서 α는 0이 되므로, $K_{xx} = K_1$, $K_{yy} = K_2$, $K_{xy} = K_{yx} = 0$이 된다. 이때 수리전도도 K_1, K_2는 불균질 매질의 최대, 최소 수리전도도이며 이때의 방향을 주방향(principal direction)이라 한다. 여기서 주목할만한 것은 주방향에서 수리전도도 텐서 중 아래 첨자가 서로다른 성분은 모두 0이 된다는 것이다. 따라서 K_1, K_2를 주 수리전도도라 한다.

식 (4.36)을 3차원에 대한 일반 Darcy 속도로 나타내면 다음과 같다.

$$q_x = -K_{xx}\frac{\partial h}{\partial x} - K_{xy}\frac{\partial h}{\partial y} - K_{xz}\frac{\partial h}{\partial z}$$

$$q_y = -K_{yx}\frac{\partial h}{\partial x} - K_{yy}\frac{\partial h}{\partial y} - K_{yz}\frac{\partial h}{\partial z} \tag{4.37}$$

$$q_z = -K_{zx}\frac{\partial h}{\partial x} - K_{zy}\frac{\partial h}{\partial y} - K_{zz}\frac{\partial h}{\partial z}$$

식 (4.37)을 행렬의 형태로 나타내면 다음과 같다.

$$\begin{pmatrix} q_x \\ q_y \\ q_z \end{pmatrix} = \begin{bmatrix} K_{xx} & K_{xy} & K_{xz} \\ K_{yx} & K_{yy} & K_{yz} \\ K_{zx} & K_{zy} & K_{zz} \end{bmatrix} \begin{pmatrix} \dfrac{\partial h}{\partial x} \\ \dfrac{\partial h}{\partial y} \\ \dfrac{\partial h}{\partial z} \end{pmatrix} \tag{4.38}$$

여기서 오른쪽 첫 번째 행렬은 수리전도도 텐서가 된다.

$$\mathbf{K} = \begin{bmatrix} K_{xx} & K_{xy} & K_{xz} \\ K_{yx} & K_{yy} & K_{yz} \\ K_{zx} & K_{zy} & K_{zz} \end{bmatrix} \tag{4.39}$$

여기서 첫 번째 아래 첨자는 Darcy 속도의 방향 성분을, 두 번째 첨자는 수리경사의 방향을 의미한다. 예를 들어, 수리전도도의 텐서 성분 K_{xx}는 x방향의 수리경사 조건에서 x방향의 Darcy 속도 성분을, K_{xy}는 y방향의 수리경사 조건에서 x방향의 Darcy 속도 성분을 일으키는 수리전도도를 의미한다. 3차원 이방성 매질에 대한 Darcy 속도를 벡터 표기법으로 나타내면 다음과 같다.

$$\mathbf{q} = -\mathbf{K}\nabla h \tag{4.40}$$

그림 4.16처럼 지층의 경사와 다른 방향으로 수리경사가 주어지는 경우, Darcy 속도와 수리경사의 방향이 다르다. 이를 수리전도도 텐서의 개념을 적용하여 설명하면, 수리경사(∇h)가 x축과 평행하기 때문에 수리경사는 다음과 같다.

$$\nabla h = \left(\frac{\partial h}{\partial x}, 0 \right) \tag{4.41}$$

식 (4.37)를 이용하여 x, y방향의 Darcy 속도 q_x, q_y를 나타내면 다음과 같다.

$$q_x = -K_{xx}\frac{\partial h}{\partial x}, \; q_y = -K_{yx}\frac{\partial h}{\partial x}$$ (4.42)

즉, q_x 외에 y방향의 Darcy 속도 성분 q_y를 갖게 되어, Darcy 속도 **q**는 수리경사와 더 이상 평행하지 않게 된다.

좌표계의 한 축을 지층에 평행하게 위치시키고 나머지 두 축을 층에 직각으로 설정하면, 주방향이 되어 수리전도도 텐서 **K**는 대각행렬(diagonal matrix)이 되어 Darcy 속도는 다음과 같다.

$$\begin{pmatrix} q_x \\ q_y \\ q_z \end{pmatrix} = \begin{bmatrix} K_{xx} & 0 & 0 \\ 0 & K_{yy} & 0 \\ 0 & 0 & K_{zz} \end{bmatrix} \begin{pmatrix} \dfrac{\partial h}{\partial x} \\ \dfrac{\partial h}{\partial y} \\ \dfrac{\partial h}{\partial z} \end{pmatrix}$$ (4.43)

4.6 지하수 유동 지배 방정식

대수층에서의 지하수 흐름은 미분 방정식으로 표현할 수 있다. 경계조건과 초기조건을 이용하여 미분 방정식에 대한 해를 구하여 지하수 흐름을 해석한다. 미분 방정식을 이용하여 해를 구하는 방법은 해석적인(analytical) 방법과 수치적인(numerical) 방법 두 가지가 있다. 해석적 방법은 대수층을 균질 등방성(또는 이방성) 매질로 가정하여 미분 방정식을 수학적으로 풀어 해를 직접 구하는 방법이다. 해를 얻으면 쉽게 지하수의 흐름을 해석할 수 있는 장점이 있으나, 복잡한 불균질 매질에는 적용할 수 없는 제약이 따른다. 반면 수치적 방법은 경계조건 및 초기조건을 이용하여 산술적인 방법으로 미분 방정식을 쉽게 풀 수 있도록 근사 방정식(approximate equation)으로 변형해서 해를 구하는 방법이다. 컴퓨터 프로그램을 직접 작성하거나 MODFLOW와 같은 수치 모델 프로그램을 이용하여 지하수 흐름을 해석해야 하지만, 불균질 매질에도 사용할 수 있다는 장점이 있다. 본 절에서는 해석적 방법과 수치적 방법의 기본이 되는 지하수 유동 방정식을 유도하고자 한다.

세 변의 길이가 dx, dy, dz인 대수층 내 미소체적을 통해 일어나는 지하수의 흐름을 고려해보자(그림 4.18). 먼저 x축 방향의 왼쪽 면을 통해 미소체적 내로 유입되는 단위 시간당 질량(mass flux)은 $\rho q dy dz$이며, 반대 면을 통해 유출되는 단위 시간당 질량은 $\rho q dy dz + \frac{\partial}{\partial x}(\rho q)dx\,dy\,dz$가 된다. 따라서 유입되는 단위 시간당 질량과 유출되는 시간당 질량의 차는 x축 방향의 순(net) 단위 시간당 질량 $-\frac{\partial}{\partial x}(\rho q)dx\,dy\,dz$이 된다. y, z축의 작용면을 통한 지하수 흐름에 의한 순 단위 시간당 질량도 유사하게 얻을 수 있다. 따라서 세 축 방향을 통한 지하수 흐름에 의한 미소체적 내의 순 시간당 질량은 다음과 같다.

$$-\left(\frac{\partial}{\partial x}\left(\rho q_x\right)+\frac{\partial}{\partial y}\left(\rho q_y\right)+\frac{\partial}{\partial z}\left(\rho q_z\right)\right)dx\,dy\,dz \tag{4.44}$$

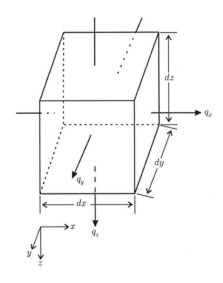

그림 4.18 대수층 내 미소체적을 통한 지하수의 흐름

미소체적의 공극률이 n일 때, 미소체적 내의 단위 시간당 질량의 변화는 다음과 같다.

$$\frac{\partial M}{\partial t}=\frac{\partial}{\partial t}\left(\rho n dx\,dy\,dz\right) \tag{4.45}$$

피압대수층의 미소체적 내 단위 시간당 질량의 변화는 비저류 계수와 시간에 따른 수위변화와 밀접하게 관련 있기 때문에 식 (4.45)를 다음 식으로 나타낼 수 있다.

$$\frac{\partial M}{\partial t} = S_s \rho n dx\, dy\, dz\, \frac{\partial h}{\partial t} \tag{4.46}$$

단, 식 (4.44)과 식 (4.46)은 질량 보존의 법칙에 따라 같아야 한다.

$$-\left(\frac{\partial}{\partial x}(\rho q_x) + \frac{\partial}{\partial y}(\rho q_y) + \frac{\partial}{\partial z}(\rho q_z)\right)dx\, dy\, dz = S_s \rho\, dx\, dy\, dz\, \frac{\partial h}{\partial t} \tag{4.47}$$

지하수의 밀도는 일정하기 때문에 미소체적 내 시간당 질량 변화는,

$$-\left(\frac{\partial(q_x)}{\partial x} + \frac{\partial(q_y)}{\partial y} + \frac{\partial(q_z)}{\partial z}\right) = S_s \frac{\partial h}{\partial t} \tag{4.48}$$

미소체적의 세 개의 축이 주방향인 이방성 대수층인 경우 Darcy 속도는 다음과 같이 구할 수 있다.

$$q_x = -K_{xx}\frac{\partial h}{\partial x}$$

$$q_y = -K_{yy}\frac{\partial h}{\partial y} \tag{4.49}$$

$$q_z = -K_{zz}\frac{\partial h}{\partial z}$$

식 (4.49)를 식 (4.48)에 대입하면 지하수 유동 방정식을 얻을 수 있다. 즉,

$$\frac{\partial}{\partial x}\left(K_{xx}\frac{\partial h}{\partial x}\right) + \frac{\partial}{\partial y}\left(K_{yy}\frac{\partial h}{\partial y}\right) + \frac{\partial}{\partial z}\left(K_{zz}\frac{\partial h}{\partial z}\right) = S_s \frac{\partial h}{\partial t} \tag{4.50}$$

대수층이 균질 이방성이라면 위 식은,

$$K_{xx}\frac{\partial^2 h}{\partial x^2} + K_{yy}\frac{\partial^2 h}{\partial y^2} + K_{zz}\frac{\partial^2 h}{\partial z^2} = S_s \frac{\partial h}{\partial t} \tag{4.51}$$

가 되며, 균질 등방성 대수층의 경우에는 다음과 같다.

$$\frac{\partial^2 h}{\partial x^2} + \frac{\partial^2 h}{\partial y^2} + \frac{\partial^2 h}{\partial z^2} = \frac{S_s}{K}\frac{\partial h}{\partial t} \tag{4.52}$$

여기에 수두가 시간에 따라 변하지 않는 정상류(steady state) 조건이라면, 지하수 유동 방정식은,

$$\frac{\partial^2 h}{\partial x^2} + \frac{\partial^2 h}{\partial y^2} + \frac{\partial^2 h}{\partial z^2} = 0 \qquad\qquad (4.53)$$

이 되며, 식 (4.53)을 Laplace 방정식이라 한다.

4.7 등수위선(equipotential line)과 수리전도도

지하수 관정이나 피조미터를 통해 측정된 수두를 이용하여 지도 위에 등고선의 형태로 나타낼 수 있다(그림 4.19). 이것을 등수위선 또는 등수위도(map)라고 한다. 즉, 대수층에서 수두가 같은 지점을 연결한 가상의 선이다. 만약에 대수층이 자유면 대수층이고 심도에 따라 수두가 일정하다면, 등수위면은 지하수면과 일치한다. 지하수는 수두가 높은 지점에서 낮은 지점으로 흐른다. 대수층이 등방성 매질인 경우, 등수위선 또는 등수이면 사이의 최단 경로를 따라 지하수의 유동이 일어난다.

그림 4.19는 다코다 사암 단일 대수층에서 측정된 수두를 이용하여 작성한 등수위선이다. 수두가 심도에 따라 변하지 않는다고 가정하여 작성한 도면으로서 수직적 등수위면이 수평면으로 투영된 것이다. 각 등수위선 간의 수두 차는 100ft(약 30m)이나, 각 등수위선 사이의 거리는 왼쪽 Black Hill에서 좁다가 오른쪽으로 갈수록 간격이 넓어진다. 이는 대수층의 수리적 특성이 수두에 반영되기 때문이다. 즉, 대수층이 균질하지 않고 불균질한 매질이라는 것을 의미한다.

등수위선 사이의 간격이 대수층의 수리적 특성에 기인한다는 것을 설명해보자. 먼저 그림 4.20과 같은 등수위선과 이를 가로지르는 지하수 유선(flow line)을 고려해보자. 등수위선을 가로지르는 유선과 유선 사이의 통로를 통해 흘러가는 지하수 유량은 일정하므로 그림 4.20에서 요소 1과 2 사이를 통과하는 유량은 같아야 한다.

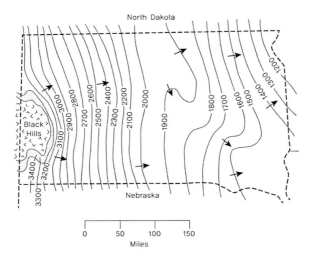

그림 4.19 미국 South Dakota 주 사암층에 대한 등수위선(Darton, 1909)

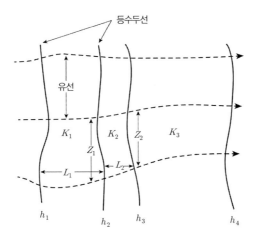

그림 4.20 대수층의 불균질성에 따른 등수위선의 간격

$$q_1 = K_1 \frac{\Delta h_1}{L_1} z_1 = q_2 = K_2 \frac{\Delta h_2}{L_2} z_2 \qquad (4.54)$$

여기서 q은 단위 폭당 유량이며, $\Delta h_1 = h_1 - h_2$, $\Delta h_2 = h_2 - h_3$. 등수위선의 수두차가 일정한 경우 $\Delta h_1 = \Delta h_2$가 된다. 만약 $z_1 \approx z_2$이라면, 다음과 같다.

$$\frac{K_1}{K_2} = \frac{L_1}{L_2} \qquad (4.55)$$

식 (4.55)는 등수위선 사이의 거리의 비는 수리전도도의 비와 같다는 것을 의미한다. 즉, 요소 2의 등수위선 사이의 거리가 요소 1에 비해 1/3이라면, 요소 2의 수리전도도 역시 요소 1의 1/3이 된다.

Black Hills에서 오른쪽으로 갈수록 등수위선 사이의 거리가 넓어지는 것은 Black Hills의 부근의 수리전도도가 작고 오른쪽으로 갈수록 수리전도도가 커지기 때문이다(그림 4.19). 즉, Black Hills지역의 수리전도도가 작아서 그만큼 지하수의 유동에 따른 수두손실이 크기 때문에 등수위선 사이의 거리도 짧게 나타난다.

4.8 유선의 굴절

수리적 특성이 다른 두 매질의 경계면을 직각이 아닌 경사각으로 통과할 때 지하수 유선은 굴절한다. 수리전도도 K_1을 갖는 지층 1과 수리전도도 K_2를 갖는 지층 2 사이에서의 지하수 유선 굴절을 고려해보자(그림 4.21).

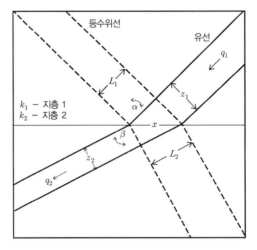

그림 4.21 수리전도도가 다른 두 매질의 경계면에서 지하수 유선의 굴절

지층 1에서 지하수 유선을 따라 흐르는 층류는 경계면을 만나 굴절하여 지층 2를

통과한다. 따라서 질량보존의 법칙에 따라 유선과 유선 사이의 통로를 따라 유동하는 지하수의 유량은 굴절에 상관없이 같아야 한다. 지층 1, 2를 통과하는 단위 폭당 지하수 유량은 다음과 같다.

$$q_1 = K_1 \frac{\Delta h_1}{L_1} z_1, \ q_2 = K_2 \frac{\Delta h_2}{L_2} z_2 \tag{4.56}$$

위 식에서 Δh_1, Δh_2는 각각 지층 1, 2에서의 수두강하이고, q_1과 q_2는 같아야 하므로,

$$K_1 \frac{\Delta h_1}{L_1} z_1 = K_2 \frac{\Delta h_2}{L_2} z_2 \tag{4.57}$$

굴절에 상관없이 등수위선 사이의 수두강하는 동일하며, $\Delta h_1 = \Delta h_2$이다. 따라서 식 (4.57)은 다음과 같다.

$$K_1 \frac{z_1}{L_1} = K_2 \frac{z_2}{L_2} \tag{4.58}$$

그림 4.21로부터 다음의 관계식을 얻을 수 있다.

$$z_1 = x\cos\alpha, \quad z_2 = x\cos\beta, \quad x/L_1 = 1/\sin\alpha, \quad x/L_2 = 1/\sin\beta \tag{4.59}$$

위 관계식을 식 (4.58)에 대입하면 다음과 같다.

$$K_1 \frac{\cos\alpha}{\sin\alpha} = K_2 \frac{\cos\beta}{\sin\beta} \tag{4.60}$$

즉,

$$\frac{K_1}{K_2} = \frac{\tan\alpha}{\tan\beta} \tag{4.61}$$

그림 4.22는 다른 수리전도도를 갖는 지층들의 경계면에서의 지하수 유선의 굴절을 보여준다. 조립질에서 세립질 지층을 통과할 때, 세립질 지층의 수리전도도가 작기 때문에 세립질 지층에서 그 하부의 조립질 지층으로 빨리 통과하려는 특성을 보인다. 반대로 조립질 지층의 경우 수리전도도가 커서 가급적 조립질 지층을 통해 지하수가 유동하려는 특성을 보여준다. 지하수의 유동이 지층에 직각으로 통과할 때나 지층에 평행하게 일어나는 경우 지하수 유선의 굴절은 일어나지 않는다.

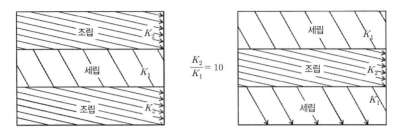

그림 4.22 수리적 특성이 다른 지층에서의 지하수 유선의 굴절

4.9 단일 방향의 정상류(unidirectional steady flow)

정상류(steay flow)란 시간에 따라 지하수두가 변하지 않는다는 것을 의미한다. 따라서 시간에 상관없이 지하수 흐름은 일정하다는 의미이다. 본 절에서는 피압대수층과 자유면 대수층에서 단일 방향으로 일어나는 정상류 조건의 지하수 유동식을 유도하고자 한다.

1) 피압대수층

그림 4.23과 같이 대수층의 두께가 b인 피압대수층을 고려해보자. 이 경우 피압대수층에는 한 방향으로 일정한 수평 흐름을 형성하며, 등수위선도 수직으로 발달한다. 피압대수층의 단위 폭당 유량은 다음과 같다.

$$q = -Kb\frac{dh}{dx} \tag{4.62}$$

위 미분 방정식을 변수분리한 후, $h(0) = h_0$부터 $h(x) = h$구간에 대해 양변을 적분하면 다음과 같다.

$$\int_{h_0}^{h} dh = \int_{0}^{x} -\frac{q}{Kb} dx \tag{4.63}$$

수두에 관해 정리하면 다음과 같다.

$$h = h_0 - \frac{q}{Kb}x \tag{4.64}$$

위 식은 피압대수층에서 단일 방향의 정상류는 수두가 선형적으로 감소한다는 것을 의미한다.

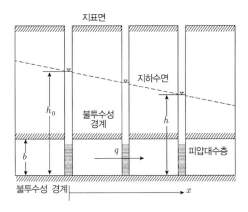

그림 4.23 피압대수층에서 단일 방향의 지하수 유동

2) 자유면 대수층

피압대수층과 달리 자유면 대수층의 포화대 두께는 일정하지 않다(그림 4.24). Darcy 법칙에 의해 지하수 흐름이 일어나는 방향으로 갈수록 단면적이 작아지기 때문에 그만큼 수리경사가 커져 Darcy 속도 역시 커진다. 지하수 함양이 없는 정상류 조건에서는 지하수면 자체가 하나의 유선이 된다. 따라서 그림 4.24의 왼쪽과 같이 등수위선도 수직이 아닌 포물선의 형태를 보인다.

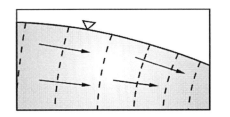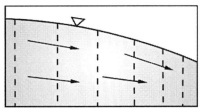

그림 4.24 실제 등수위선 분포와 Dupuit의 가정에서의 등수위선 분포

Dupuit는 자유면 대수층에서 자연 수리경사가 매우 작다면 지하수면은 거의 수평

이 되며, 이 경우 그림 4.24와 같이 등수위선도 수직일 거라는 가정을 통하여 Dupuit 식을 유도하였다. 자유면 대수층에서의 단위 폭당 유량은 다음과 같다.

$$q = -Kh\frac{dh}{dx} \tag{4.65}$$

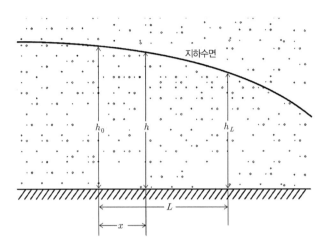

그림 4.25 자유면 대수층에서 단일 방향의 지하수 유동

그림 4.25의 경계조건을 이용하여 식 (4.65)를 변수분리 후 양변을 적분하면 다음과 같다.

$$\int_{h_0}^{h_L} h\,dh = -\int_0^L \frac{q}{K}\,dx \tag{4.66}$$

따라서 자유면 대수층에서의 단위 폭당 유량은 다음과 같다.

$$q = \frac{K}{2L}\left(h_0^2 - h_L^2\right) \tag{4.67}$$

Dupuit 흐름은 수평적인 흐름을 가정하지만, 실제 지하수의 속도는 동일한 크기의 하향 수직 성분을 갖는다. 그러므로 Dupuit 방정식이 실제 지하수 흐름과 동일한 단위 면적당 유량을 갖기 위해서는 포화대 두께가 실제 지하수 흐름에서 보다 작아야 한다. 그림 4.26과 같이 실제 지하수 흐름은 호수, 강 등과 같은 지하수체에 가까워지면서 그 위에서 접선으로 경계면을 접하면서 침출면(seepage face)을 형성한다. 사면 안정성 해석을 위해 공극의 수압 및 실제 지하수면을 계산해야 한다면, Dupuit 방정식은 유용하지 않을 수 있다. 그러나 지하수 수리학, 즉 지하수 유출량으로 국한된다면 Dupuit 방정식은 여전히 유효하다.

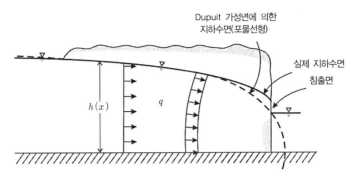

그림 4.26 Dupuit 가정에 의한 지하수 흐름과 실제 지하수 흐름

4.10 방사상 정상류(steady radial flow)

지하수 관정에서 양수하는 경우, 관정 주변의 대수층에서 지하수두가 하강하면서 관정에 지하수가 공급된다. 수두강하(drawdown)는 관정 주변에서 크며, 거리가 멀어지면서 작아진다. 양수가 아주 오래 지속되는 경우 시간에 따른 수두강하가 아주 작아 정상류 조건과 유사하게 된다. 방사상 정상류에 대한 식을 유도하기 위해 필요한 기본 가정은 대수층은 균질 등방성이며, 양수 이전에 지하수두는 수평이어서 지하수의 흐름이 없다. 지하수 유동은 Darcy 법칙을 따르며, 지하수 관정은 대수층을 완전 관통한다는 것이다.

1) 피압대수층

균질 등방성 피압대수층을 완전히 관통하고 있는 지하수 관정에서 양수를 하는 경우를 고려해보자. 지하수 흐름은 관정을 향하는 방사성 흐름을 형성한다(그림 4.27). 피압대수층에서 수두는 대수층의 위치보다 높은 곳에서 형성되기 때문에, 양수에 따른 수두강하가 대수층의 포화 두께를 변화시키지 않는다. 따라서 대수층에서 지하수 흐름은 수평이며 등수위선은 수직이기 때문에, Dupuit의 가정은 충족된다. 반경 r인 지점을 통과하는 유량은 다음과 같다.

$$Q = Av = 2\pi rbK\frac{dh}{dr} \tag{4.68}$$

여기서 Darcy 법칙의 '−'는 방사상 흐름의 경우 이미 관정으로 향하는 지하수의 흐름이 결정되었기에 무시한다. 식 (4.68)을 반경 $r = r_1$에서 $h = h_1$, $r = r_2$에서 $h = h_2$인 경계조건에 대해 적분을 취하면 다음과 같다.

$$h_2 - h_1 = \frac{Q}{2\pi Kb}\ln\left(\frac{r_2}{r_1}\right) \qquad \text{또는} \qquad Q = 2\pi Kb\frac{h_2 - h_1}{\ln(r_2/r_1)} \tag{4.69}$$

위 식을 Thiem 방정식이라 한다. 위 식을 투수량 계수(transmissivity)로 다음과 같이 나타낼 수 있다.

$$T = Kb = \frac{Q}{2\pi(h_2 - h_1)}\ln\left(\frac{r_2}{r_1}\right) \tag{4.70}$$

양수 시 시간에 따른 지하수두의 변화가 없는 정상류 조건일 때, 두 지점의 거리와 수두를 이용하여 피압대수층의 수리전도도와 투수량 계수를 계산할 수 있다.

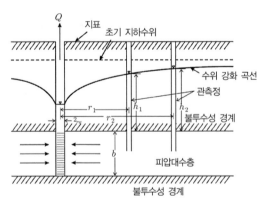

그림 4.27 피압대수층에서 방사상 정상류

2) 자유면 대수층

Dupuit의 가정을 이용하여 자유면 대수층에서의 방사상 유동식을 유도할 수 있다.

관정을 향하는 지하수 유량은 다음과 같다.

$$Q = 2\pi r h K \frac{dh}{dr} \tag{4.71}$$

식 (4.71)을 반경 $r = r_1$에서 $h = h_1$, $r = r_2$에서 $h = h_2$인 경계조건에 대해 적분을 취하면,

$$\int_{h_1}^{h_2} h\,dh = \frac{Q}{2\pi K} \int_{r_1}^{r_2} \frac{1}{r}\,dr \tag{4.72}$$

지하수 유량은 다음과 같이 나타낼 수 있다.

$$Q = \pi K \frac{h_2^2 - h_1^2}{\ln(r_2/r_1)} \tag{4.73}$$

이를 자유면 대수층에서의 Thiem 방정식이라 한다. 위 식을 수리전도도에 대하여 정리하면 다음과 같다.

$$K = \frac{Q}{\pi(h_2^2 - h_1^2)} \ln(r_2/r_1) \tag{4.74}$$

투수량 계수는 다음과 같이 대략적으로 구할 수 있다.

$$T = K \frac{h_1 + h_2}{2} \tag{4.75}$$

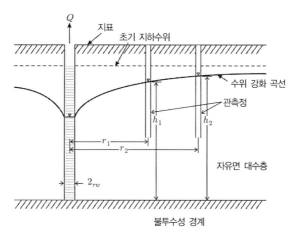

그림 4.28 자유면 대수층에서 방사상 정상류

4.11 대수층 시험(aquifer test)

대수층 시험은 현장 규모 대수층의 수리 특성을 파악하기 위해 이용된다. 대수층 시험은 일정한 유량으로 물을 대수층으로부터 양수하면서, 그에 따른 대수층의 반응, 즉 시간에 따른 수두 변화를 관측정에서 측정하여 대수층의 수리매개변수를 측정하는 방법이다.

균질 등방성 피압대수층을 완전히 관통하고 있는 지하수 관정에서 양수를 하는 경우를 고려해보자. 지하수 흐름은 관정을 향하는 방사성 흐름을 형성한다(그림 4.27). 피압대수층에서 수두는 대수층의 위치보다 높은 곳에서 형성되기 때문에, 양수에 따른 수두강하와 상관없이 대수층의 포화 두께는 일정하다. 양수정에서 양수되는 지하수의 양은 대수층의 비저류 계수에 의해서 결정된다. 비저류 계수는 대수층에서 압력이 제거될 때 대수층 매질들의 수축과 물의 팽창으로 공급되는 양으로서 흔히 탄성 저류계수라고도 한다. 양수에 의한 수두강하는 대수층의 비저류 계수와 투수성을 통해 결정된다. 대수층에 지하수 함양이 일어나지 않는다면, 양수에 의해 수두강하가 일어나는 영향 반경은 무한히 커질 것이다.

대수층 시험 시 시간에 따른 수두 변화를 측정하는 것이 중요하다. 따라서 정상류 조건에 대한 방정식이 아닌, 시간에 따른 수두 변화를 표현하는 부정류(unsteady flow) 조건에 대한 방정식이 필요하다. 본 절에서는 피압대수층에서의 방사상 부정류에 대한 식을 이용하여 대수층의 수리매개변수를 결정하는 Theis 방법과 Cooper-Jacob 방법을 소개하고자 한다. 이 방법들은 다음과 같은 기본 가정을 전제로 한다.

1. 대수층의 위, 아래는 불투수층에 의해 경계를 이룬다.
2. 양수 전에 대수층의 지하수두는 일정하다.
3. 대수층은 균질 등방성 매질이며, 무한히 수평 방향으로 발달한다.
4. 지하수의 흐름은 수평 방사상 흐름이다.
5. Darcy 법칙은 유효하다.
6. 양수정과 관측정의 스크린 구간은 대수층을 완전 관통한다.
7. 양수정에서 대수층과 관련 없는 수두손실은 없다.

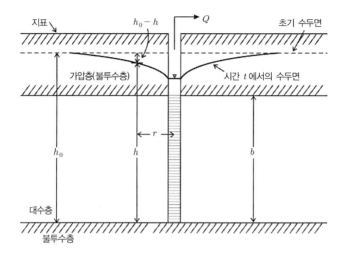

그림 4.29 피압대수층에서의 방사상 부정류를 보여주는 모식도

1) Theis 방법

극좌표계에서의 지하수 유동 지배 방정식은 다음과 같이 나타난다.

$$\frac{\partial^2 h}{\partial r^2} + \frac{1}{r}\frac{\partial h}{\partial r} = \frac{S}{T}\frac{\partial h}{\partial t} \tag{4.76}$$

초기조건 $h(r,\, 0) = h_0$과 경계조건 $h(\infty,\, t) = h_0$을 이용하여, Theis는 식 (4.76)에 대한 해를 다음과 같이 제시하였다.

$$h_0 - h = \frac{Q}{4\pi T}\int_u^\infty \frac{e^{-w}}{w}dw \tag{4.77}$$

$$u = \frac{r^2 S}{4Tt} \tag{4.78}$$

여기에 w는 적분변수이며, $h_0 - h$는 수위강하(s)이다. 식 (4.77)을 Theis 방정식이라 한다. 식 (4.77)의 적분 항을 우물함수(well function)로 나타낼 수 있다.

$$s = \frac{Q}{4\pi T}W(u) \tag{4.79}$$

여기서 $W(u)$는 우물함수로서 다음과 같은 무한급수로 주어진다.

$$W(u) = \left[-0.5772 - \ln u + u - \frac{u^2}{2 \cdot 2!} + \frac{u^3}{3 \cdot 3!} - \frac{u^4}{4 \cdot 4!} + \cdots \right] \tag{4.80}$$

식 (4.79)의 양변에 자연 로그를 취하면 다음과 같다.

$$\ln(s) = \ln\left(\frac{Q}{4\pi T} \right) + \ln(W(u)) \tag{4.81}$$

식 (4.81)에서 오른쪽의 첫 번째 항은 상수가 된다. 식 (4.78)에 자연로그를 취하면 다음과 같다.

$$\ln(t) = \ln\left(\frac{r^2 S}{4T} \right) + \ln\left(\frac{1}{u} \right) \tag{4.82}$$

식 (4.82)의 오른쪽 첫 번째 항 역시 상수가 된다. 식 (4.81), (4.82)로부터 $\ln(s)$과 $\ln(t)$의 관계와 $\ln(W(u))$는 $\ln(1/u)$의 관계는 유사함을 알 수 있다. 두 관계식은 상수 인자만 다를 뿐이다. 따라서 현장 시험 자료를 통해 얻은 $\ln(s)$과 $\ln(t)$의 그래프는 $\ln(W(u))$과 $\ln(1/u)$ 그래프와 유사해야 한다. 따라서 $\ln(W(u))$과 $\ln(1/u)$의 표준 곡선(type curve)을 현장 자료의 $\ln(s)$과 $\ln(t)$ 곡선에 겹쳐서 일치점을 구한 후, 대수층의 수리 특성인 투수량 계수와 저류계수를 구할 수 있다. 이 방법이 바로 Theis 방법이다. 자세한 절차는 다음과 같다.

① 표 (4.4)의 $W(u)$와 $1/u$를 양 대수(log-log) 방안지에 도시한 표준 곡선을 준비한다(그림 4.30). $1/u$의 범위는 0.1에서 10^4이어야 한다.

② 시간에 따른 수위강하 측정 자료를 표준 곡선과 동일한 크기, 스케일을 갖는 양 대수 방안지에 도시한다. 이 그래프를 자료 곡선이라 한다.

③ 표준 곡선을 자료 곡선 위에 겹쳐서 서로 최대한 일치하도록 한다. 여기서 두 곡선의 그래프 축은 항상 서로 평행해야 한다.

④ 겹쳐진 두 곡선에서 임의의 한 점(일치점)을 택한 후, 그 일치점에 해당하는 s, t, $W(u)$, $1/u$의 값을 읽는다. 임의의 한 점을 선택할 때, 가급적 표준 곡선의 $W(u) = 1$, $1/u = 1$과 같이 그래프 상에서 읽기 쉬운 점을 택하면 편리하다.

⑤ 일치점에서 얻은 s, $W(u)$의 값을 식 (4.79)에 대입하여 투수량 계수를 구한다.

⑥ 일치점에서 얻은 t, $1/u$의 값, 그리고 앞서 구한 투수량 계수를 식 (4.78)에 대입하여 저류계수를 구한다.

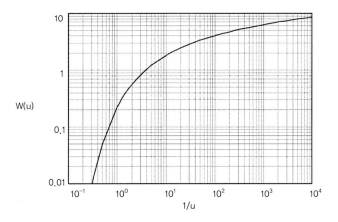

그림 4.30 Theis의 표준 곡선

표 4.4 u에 대한 $W(u)$의 값

u	1.0	2.0	3.0	4.0	5.0	6.0	7.0	8.0	9.0
x 1	0.219	0.049	0.013	0.0038	0.0011	0.00036	0.00012	0.000038	0.000012
x 10^{-1}	1.82	1.22	0.91	0.70	0.56	0.45	0.37	0.31	0.26
x 10^{-2}	4.04	3.35	2.96	2.68	2.47	2.30	2.15	2.03	1.92
x 10^{-3}	6.33	5.65	5.23	4.95	4.73	4.54	4.39	4.26	4.14
x 10^{-4}	8.63	7.94	7.53	7.25	7.02	6.84	6.69	6.55	6.44
x 10^{-5}	10.94	10.24	9.84	9.55	9.33	9.14	8.99	8.86	8.74
x 10^{-6}	13.24	12.55	12.14	11.85	11.63	11.45	11.29	11.16	11.04
x 10^{-7}	15.54	14.85	14.44	14.15	13.93	13.75	13.60	13.46	13.34
x 10^{-8}	17.84	17.15	16.74	16.46	16.23	16.05	15.90	15.76	15.65
x 10^{-9}	20.15	19.45	19.05	18.76	18.54	18.35	18.20	18.07	17.95
x 10^{-10}	22.45	21.76	21.35	21.06	20.84	20.66	20.50	20.37	20.25
x 10^{-11}	24.75	24.06	23.65	23.36	23.14	22.96	22.81	22.67	22.55
x 10^{-12}	27.05	26.36	25.96	25.67	25.44	25.26	25.11	24.97	24.86
x 10^{-13}	29.36	28.66	28.26	27.97	27.75	27.56	27.41	27.28	27.16
x 10^{-14}	31.66	30.97	30.56	30.27	30.05	29.87	29.71	29.58	29.46
x 10^{-15}	33.96	33.27	32.86	32.58	32.35	32.17	32.02	31.88	31.76

예제 4-1 : 그림 4.31은 시간에 따른 수위강하 자료로써 $5.43 \times 10^3 \mathrm{m}^3/\mathrm{day}$로 양수하는 관정에서 150m 떨어진 관측정에서 얻은 자료이다. 투수량 계수와 저류계수를 구해보자.

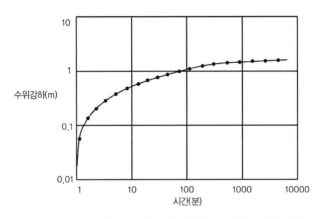

그림 4.31 시간에 따른 수위강하를 보여주는 자료 곡선

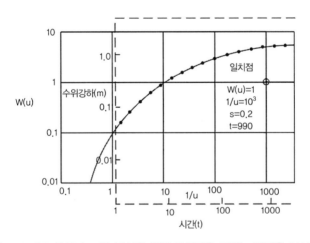

그림 4.32 자료 곡선과 표준 곡선을 겹쳐 일치점을 구하는 방법을 보여주는 그림

그림 4.32처럼 자료 곡선과 표준 곡선을 겹쳐서 일치점을 구한다. 먼저 일치점에서 얻은 $s = 0.2$m, $W(u) = 1$의 값을 대입하여 투수량 계수를 구한다.

$$T = \frac{Q}{4\pi s} W(u) = \frac{5.43 \times 10^3 \text{m}^3/\text{day} \times 1}{4 \times 3.14 \times 0.2\text{m}} = 2.2 \times 10^3 \text{m}^2/\text{day}$$

$$= 2.5 \times 10^{-2} m^2/s$$

일치점에서 얻은 $t = 900$분(약 0.7일), $u = 10^{-3}$의 값을 대입하여 저류계수를 구한다.

$$S = \frac{4uTt}{r^2} = \frac{4 \times 10^{-3} \times 2.2 \times 10^3 \text{m}^2/\text{day} \times 0.7 \,\text{day}}{150^2 \text{m}^2} = 2.7 \times 10^{-4}$$

2) Cooper-Jacob 방법

Theis 방정식의 u가 작다면, 우물함수의 $\ln(u)$ 이후의 항은 무시할 수 있을 만큼 작아진다. 양수정과 관측정의 거리(r)가 작거나, 시간 t가 클 때, u값은 작아진다. 즉, $u < 0.01$의 조건을 충족한다면, 우물함수는 다음과 같다.

$$W(u) = [-0.5772 - \ln u] \tag{4.83}$$

식 (4.79)는 다음과 같이 나타낼 수 있다.

$$s = \frac{Q}{4\pi T}\left[-0.5772 - \ln\frac{r^2 S}{4Tt}\right] = \frac{Q}{4\pi T}\left[-\ln(1.78) - \ln\frac{r^2 S}{4Tt}\right]$$

$$= \frac{Q}{4\pi T}\ln\left(\frac{4Tt}{1.78r^2 S}\right) \tag{4.84}$$

식 (4.84)를 상용 로그로 다시 정리하면 다음과 같다.

$$s = \frac{2.3Q}{4\pi T}\log\left(\frac{2.25Tt}{r^2 S}\right) \tag{4.85}$$

식 (4.85)를 아래와 같이 정리할 수 있다.

$$s = \frac{2.3Q}{4\pi T}\log(t) + \frac{2.3Q}{4\pi T}\log\left(\frac{2.25T}{r^2 S}\right) \tag{4.86}$$

식 (4.86)는 편 대수(semi-log) 방안지에 선형 직선으로 나타난다. 즉, 수위강하 s 를 y축, $\ln(t)$을 x축으로 하는 그래프에서 기울기(m)을 갖는 직선으로 도시된다.

$$m = \frac{2.3Q}{4\pi T} = \frac{s_2 - s_1}{\log t_2 - \log t_1} \tag{4.87}$$

식 (4.87)로부터 투수량 계수를 구할 수 있다.

$$T = \frac{2.3Q}{4\pi(s_2 - s_1)} \log\left(\frac{t_2}{t_1}\right) \tag{4.88}$$

만약 t_1, t_2 시간 간격이 1로그 사이클이라면, 식 (4.88)은 다음과 같다.

$$T = \frac{2.3Q}{4\pi(s_2 - s_1)} \tag{4.89}$$

저류계수는 수두강하가 0이 되는 지점의 시간을 t_0라 하면, 식 (4.85)는 다음과 같다.

$$0 = \frac{2.3Q}{4\pi T} \log\left(\frac{2.25\,Tt_0}{r^2 S}\right) \tag{4.90}$$

식 (4.90)이 0이 되기 위해서는 log 안의 값이 1이 되어야 한다.

$$\frac{2.25\,Tt_0}{r^2 S} = 1 \tag{4.91}$$

앞서 구한 투수량 계수와 식 (4.91)로부터 저류계수를 구할 수 있다.

$$S = \frac{2.25\,Tt_0}{r^2} \tag{4.92}$$

예제 4-2 : $5.43 \times 10^3 \mathrm{m^3/day}$로 양수하는 관정에서 305m 떨어진 관측정에서 측정된 수위강하 자료에서 투수량 계수와 저류계수를 구해보자. 그림 4.33에서 시간 간격이 1로그 사이클일 때, 수두강하 차이는 0.24m이다. 투수량 계수는 다음과 같다.

$$T = \frac{2.3Q}{4\pi(s_2 - s_1)} = \frac{2.3 \times 5.43 \times 10^3 \mathrm{m^3/day}}{4 \times 3.14 \times 0.24\mathrm{m}} = 4.1 \times 10^3 \mathrm{m^2/day}$$

그림 4.33에서 수두강하가 0이 되는 지점의 시간 t_0는 5분을 얻는다. 따라서 저류계수는 다음과 같다.

$$S = \frac{2.25\,Tt_0}{r^2} = \frac{2.25 \times 4.1 \times 10^3 \mathrm{m^2/day} \times 5\mathrm{min}}{305^2\mathrm{m^2}} = 3.4 \times 10^{-4}$$

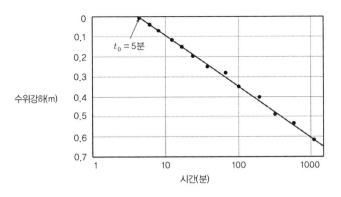

그림 4.33 관측정에서 측정된 수위강하 자료를 편대수 방안지에 도시한 그림

4.12 순간 충격 시험(slug test)

순간 충격 시험은 고형의 슬러그를 투입하여 순간적으로 수위를 상승시키거나, 베일러(bailer)를 이용하여 일정 부피의 물을 제거하여 수위를 순간적으로 낮춘 후 시간에 따른 수위 회복 정도를 측정하여 수리전도도를 산출하는 시험이다. 대수층의 투수성이 좋다면 수위가 빠르게 회복할 것이며, 대수층의 수리전도도가 작을수록 회복하는 데 오랜 시간이 걸린다. 순간 충격 시험은 관정의 직경이 작아서 양수시험이 곤란한 경우 유리하며, 또한 오염 지역에서 양수시험을 하는 경우 배출된 물을 처리할 필요가 없다는 장점이 있다. 양수시험에 비해 수위의 변화가 미치는 영향 반경이 작아 빠르게 시험을 진행할 수 있으나, 산출된 수리전도도가 대수층의 넓은 지역을 대표하지 못할 수 있다는 단점도 있다. 본 절에서는 순간 충격 시험 방법 중 가장 널리 쓰이는 Hvorslev 방법과 Bouwer-Rice 방법에 대해 설명하고자 한다. 하지만 이 두 방법은 수리전도도만을 구할 수 있으며, 저류계수를 구할 수 없다는 단점이 있다.

1) Hvorslev 방법

Hvorslev 방법은 지하수 관정이 대수층을 완전히 관통하지 않는 관정에도 적용 가능하다. 그림 4.34는 Hvorslev 방법의 지하수 관정 모식도를 보여준다. 인위적으로 관정의 수위가 상승하거나 하강하는 경우, 관정과 주변 지하수 간에 수두 차이가 발생한다. 스크린을 통해 주변 지하수와 관정 간의 지하수 유출입이 일어나 관정의 수위는 원래의 지하수위로 회복된다. 그림 4.34처럼 수위변화는 케이싱 구간에서 일어나며, 스크린 구간은 항상 지하수면 하부에 놓인다. 만약 스크린 구간이 불포화대와 지하수면에 걸쳐서 존재하는 경우, 관정에서 상승한 물은 포화 대수층이 아닌 불포화대를 통해 빠져나간다. 이 경우 실제 대수층의 수리전도도 보다 더 높게 산출될 수 있어 주의가 필요하다.

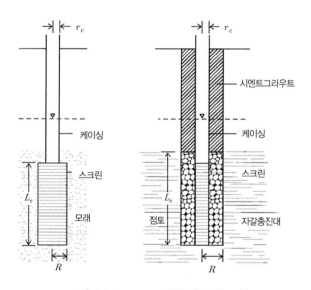

그림 4.34 Hvorslev 방법의 관정 모식도

관정의 스크린의 길이가 스크린의 반경보다 8배 이상이라면($L_e/R > 8$), 다음 식을 이용하여 수리전도도를 계산할 수 있다.

$$K = \frac{r_c^2 \ln(L_e/R)}{2L_e t_{0.37}}$$ (4.93)

여기서 L_e, R, r_c는 그림 4.34에 나타나 있으며, $t_{0.37}$은 변화된 최대 지하수위에서 회복까지 37% 남아 있을 때의 시간이다(그림 4.35). R은 스크린의 반경이며, 스크린 주변에 자갈 충진대가 설치된 경우 자갈 충진대까지 포함한다.

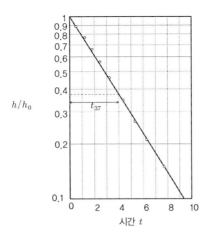

그림 4.35 Hvorslev 방법에서의 시간에 따른 수위변화를 보여주는 그래프

2) Bouwer-Rice 방법

Bouwer-Rice는 자유면 대수층을 완전 관통 또는 부분 관통하는 지하수 관정에 대한 순간 충격 시험 해석 방법을 제시하였다. 이 방법에 대한 관정 모식도는 그림 4.36에 나타나 있다.

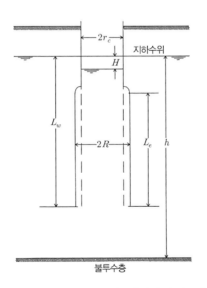

그림 4.36 Bouwer-Rice 방법에서의 관정 모식도

Bouwer-Rice의 식은 다음과 같다.

$$K = \frac{r_c^2 \ln(R_e/R)}{2L_e} \frac{1}{t} \ln\left(\frac{H_0}{H_t}\right) \tag{4.94}$$

여기서 L_e, R, r_c, H는 그림 4.36에 나타나며, H_0는 $t=0$에서의 최대 수위변화 (maximum displacement), H_t는 시간 t에서의 수위변화이다. R_e는 수위변화가 미치는 유효 반경거리이며, $\ln(R_e/R)$는 다음 식에 따라 결정할 수 있다.

$$\ln\left(\frac{R_e}{R}\right) = \left[\frac{1.1}{\ln(L_w/R)} + \frac{A + B\ln((h-L_w)/R)}{L_e/R}\right]^{-1} \tag{4.95}$$

만약 $L_w = h$라면, $\ln(R_e/R)$는 다음과 같다.

$$\ln\left(\frac{R_e}{R}\right) = \left[\frac{1.1}{\ln(L_w/R)} + \frac{C}{L_e/R}\right]^{-1} \tag{4.96}$$

여기서 L_w, h는 그림 4.36에 나타나며, A, B, C는 무차원의 값으로 그림 4.37에서 구할 수 있다. 식 (4.95)에서 $h \gg L_w$라면 L_w는 $\ln(R_e/R)$에 영향을 미치지 못하기 때문에, $\ln((h-L_w)/R)$의 유효 상한 한계는 6이 된다. 즉, 계산된 $\ln((h-L_w)/R)$의 값이 6을 초과하는 경우, 이 값으로 6을 사용해야 한다.

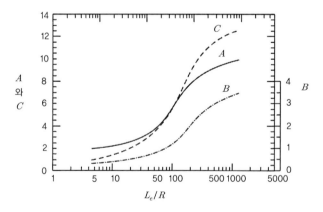

그림 4.37 식 (4.95)의 무차원 상수 A, B, C를 구하기 위한 도표

식 (4.94)을 다음과 같이 정리할 수 있다.

$$\ln\left(\frac{H_t}{H_0}\right) = -\frac{K}{I}t \tag{4.97}$$

여기서 $I = [r_c^2 \ln(R_e/R)]/(2L_e)$ 이다. 식 (4.97)은 편 대수 방안지에 수위변화를 y 축, 그리고 시간 자료를 x 축에 도시하여 직선의 기울기를 이용하여 수리전도도를 산출할 수 있음을 보여준다. 직선의 (음의) 기울기가 클수록, 수리전도도가 큰 대수층을 의미한다. 직선 구간이 그림 4.38처럼 두 개의 직선 구간이 나오는 경우, 두 번째 구간이 대수층의 수리적 특성을 반영하는 구간이다. 첫 번째 구간은 자갈 충진대가 먼저 반응하여 나타나는 구간으로 대수층의 특성을 반영하지 못하는 구간이다. 충진대는 대수층의 매질보다 수리전도도가 큰 매질을 사용하기 때문에 두 번째 구간의 (음의) 기울기보다 크게 나타난다.

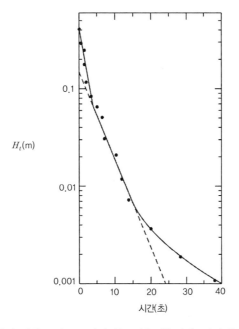

그림 4.38 두 개의 직선 구간으로 나타나는 경우, 첫 번째 : 자갈 충진대, 두 번째 : 대수층의 특성

예제 4-3 : 지하수면이 지표에서 3m 심도에 존재하며, $h = 80$m, $L_w = 5.5$m, $L_e = 4.46$ m, $r_c = 0.076$m, $R = 0.12$m를 갖는 지하수 관정에서 순간 충격 시험을 실시하였다.

순간 충격 시험 결과를 그림 4.39에 도시하였다. 이때 수리전도도를 구해보자. 이 관정에 대한 L_e/R은 37이므로, 그림 4.37에서 $A=2.7$, $B=0.45$를 얻을 수 있다. $\ln((h-L_w)/R)$는 6을 초과하기 때문에 6을 사용하여, $\ln(R_e/R)$의 값 2.31을 얻을 수 있다. t와 $\ln(H_0/H_t)$는 그림 4.39에서 얻을 수 있다. 즉, 직선 구간 임의의 두 지점을 이용하여, 최대 수위변화 0.29 ~ 0.001m까지 걸리는 시간 22.5초를 얻을 수 있다. 마지막으로 식 (4.94)를 이용하여 수리전도도를 계산할 수 있다.

$$K=\frac{(0.076\text{m})^2 \times 2.31}{2 \times 4.56\text{m}} \frac{1}{22.5s} \ln\left(\frac{0.29\text{m}}{0.001\text{m}}\right)=3.7 \times 10^{-4}\text{m/s}$$

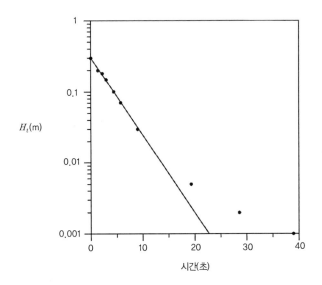

그림 4.39 예제 4-3의 순간 충격 시험 결과를 편대수 방안지에 도시한 그래프

05

기초 역학

05 기초 역학

습곡이나 단층과 같은 다양한 지질구조들은 지구 내부의 맨틀과 지각에서 작용하는 힘과 이에 대한 구성물질의 변형을 통해 형성된다. 지구 내부의 힘은 열이나 중력의 작용뿐만 아니라, 대륙지각과 해양지각을 이루는 판들의 이동과정에서 발생하는 충돌, 마찰 등에 따라 발생한다(그림 5.1, 5.2). 지질공학은 지질학적인 정성적인 이해와 더불어 역학에 대한 이해를 필요로 한다. 본 장에서는 토질역학, 암석역학을 포함한 지질공학의 정량적 측면을 이해하기 위해서 응력과 변형에 대한 기본적인 개념과 원리를 설명하고자 한다.

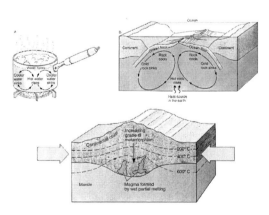

그림 5.1 상부 맨틀과 지각에서 구성물질의 대류(Twiss & Moores, 2007)

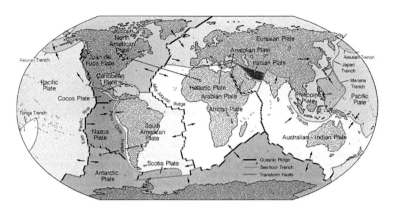

그림 5.2 판구조론과 대륙 이동

5.1 힘, 응력 및 변형률

5.1.1 힘과 응력

힘(force)은 정지상태의 물체를 변형시키거나, 또는 직선을 따라 등속운동을 하는 물체의 상태로 변화하는 벡터 양을 의미한다. Newton의 운동법칙에 따르면, 어떤 물체의 운동량의 변화율은 외부에서 가해진 힘의 방향으로 힘의 크기에 비례하여 발생한다. 즉,

$F = m \cdot a$ (힘＝질량×가속도)

힘의 단위는 SI(Standard International) 단위로 dyne(g·cm/sec²)과 newton(kg·m/sec²)으로 정의된다. 여기서 dyne은 길이와 질량의 단위로 cm와 g, newton (N)은 m과 kg을 사용한다(식 5.1). 따라서 1N은 10^5dyne과 같다.

$$1dyne = 1g \cdot cm/\sec^2,$$
$$1N = 1kg \cdot m/\sec^2 = 1 \times 10^5 g \cdot cm/\sec^2 = 10^5 dyne \tag{5.1}$$

힘은 벡터 양이므로 두 개, 또는 그 이상의 성분으로 분해할 수 있다. 예를 들어, 기울어진 평면 위에 놓인 물체(질량 M)에 작용하는 중력에 따라 발생하는 힘(무게 혹은 하중, $F = m \cdot g$)은 수직력(normal force, F_n)과 전단력(shear force, F_t)으로

분해된다. 물체가 경사면을 따라 움직이기 시작할 때 이들 두 힘 사이의 비를 동적 마찰 계수(coefficient of dynamic friction, μ)로 정의한다.

토양이나 암석에 힘(force)을 가하면 이 물체는 압력(pressure)을 받는다. 압력은 가해진 힘을 힘이 작용하는 물체의 외부 면적으로 나눈 것과 같다. 그러므로 압력은 단위 면적당 힘으로 정의한다. 압력이 물체의 표면에서 물체의 내부로 전달하는데 이를 응력(stress)이라고 하며, 가해진 응력이 물체 고유의 응력 한도에 도달하면 그 물체는 파괴된다. 물체 내부의 어떤 지점에 작용하는 응력(σ)은 압력과 같이 단위 면적당 힘으로 정의된다.

$$\sigma = \frac{F}{A} \tag{5.2}$$

여기서 F는 힘이며, A는 면적이다. 응력의 단위는 dyne/cm^{2}나 N/m^{2}를 사용하며, 1N/m^{2}를 1Pascal 또는 1Pa로 표기한다.

응력은 공학적으로 중요한 개념이다. 예를 들어 어떤 물체에 일정한 변형을 일으킨다고 가정해보자. 그 변형을 일으키기 위해 필요한 힘(외력)은 그 힘이 작용하는 물체의 면적에 비례하여 달라진다. 즉, 물체의 단면적이 크면 변형을 일으키기 위해 그만큼 더 큰 외력이 필요하다. 따라서 특정한 물성을 갖는 물체에 변형을 일으키기 위해 필요한 외력을 일정한 값으로 나타내기 어렵다. 반면 응력은 단위 면적당 가해지는 힘으로 정의되는 개념이기 때문에, 물체의 면적 크기에 상관없이 일정한 응력 한계로 물체의 변형 특성을 정의할 수 있다. 물체의 단면적이 달라도 일정한 값으로 물체의 강도를 알아보는 데 편리하다(그림 5.3).

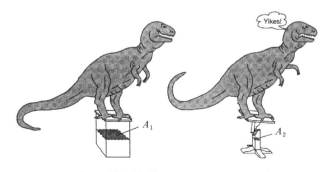

그림 5.3 힘과 압력(Twiss & Moores, 2007)

응력은 물체 내부에 작용하는 힘의 방향에 따라 분류된다. 힘이 물체 내부의 어떤 작용면에 가해지면 이를 압축응력(compressive stress)이라 하며, 반면 작용면에서 멀어지는 방향으로 작용하는 것을 인장응력(tensile stress)이라 한다. 공학적인 문제에서는 주로 압축응력이 작용하기 때문에, 압축응력을 양(+)으로 인장응력을 음(−)으로 정의한다. 세 번째 응력은 전단응력(shear stress)으로, 힘이 작용면에 수평으로 작용하는 경우이다. 압축, 인장응력과 같이 작용면에 수직으로 가해지는 수직응력을 σ로, 작용면에 수평으로 가해지는 전단응력을 τ로 표기한다. 전단응력의 부호는 반시계 방향으로 회전을 일으키는 방향을 양으로 정의한다(그림 5.4).

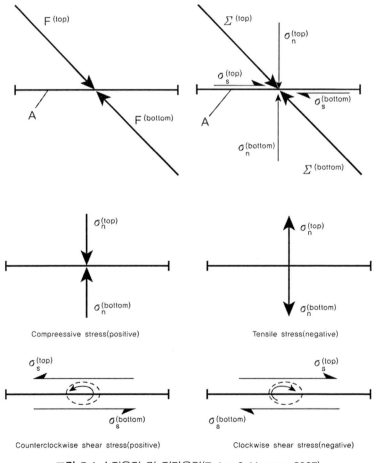

그림 5.4 수직응력 및 전단응력(Twiss & Moores, 2007)

5.1.2 변형률(strain)

압축응력이나 인장응력이 물체에 작용하면 축 방향으로 수축되거나 신장(elongation)과 같은 변형이 일어날 수 있다. 길이 L을 갖는 물체에 δ의 신장이 일어난다면, 변형률(ϵ)은 다음과 같이 정의된다.

$$\epsilon = \frac{\delta}{L} \tag{5.3}$$

변형률은 두 길이의 비로 나타나기 때문에, 단위는 무차원이다.

5.1.3 탄성률

그림 5.5에서 점 A는 탄성한계를 나타내는 점으로써 탄성한계 이하의 하중이 가해졌다가 제거되는 경우에는 영구변형이 남지 않는다. 그러나 이점을 지나 점 B에서 하중이 제거되는 경우 물체에 OC만큼의 영구변형 또는 소성변형이 남게 된다. 어떤 물체에 가해진 응력과 그에 따른 변형률 사이에 선형적인 관계가 성립된다면 그 물체는 선형 탄성적이며, 응력과 변형률 사이에는 다음과 같은 관계식으로 나타낼 수 있다.

$$\sigma = E \cdot \epsilon \tag{5.4}$$

여기서 E는 탄성률(modulus of elasticity) 또는 영률(Young's modulus)로 변형률의 단위가 무차원이기 때문에 탄성률의 단위는 응력의 단위와 동일하다. 또한 식 (5.4)을 Hooke의 법칙이라고 한다.

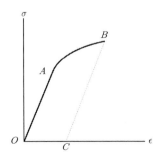

그림 5.5 탄성 한계와 영구변형을 보여주는 응력과 변형률의 관계

5.1.4 포아송 비

그림 5.6처럼 어떤 막대에 인장하중이 가해지는 경우, 축 방향의 신장뿐만 아니라 하중 방향에 직각인 측면 방향으로의 수축을 동반한다. 물체가 균질하고 선형 탄성이라면, 막대의 어떤 지점에서 발생하는 측면의 변형은 동일한 지점에서의 축 방향의 변형에 비례한다. 측면의 변형률과 축 방향의 변형률의 비를 포아송 비(Poisson's ratio, ν)라 한다.

$$\nu = -\frac{\text{측면 변형률}}{\text{축 방향 변형률}} = -\frac{\epsilon_{lateral}}{\epsilon_{axial}} \tag{5.5}$$

막대가 인장하중을 받는 경우, 축 방향으로는 신장이 일어나며 측면 방향으로는 수축이 일어난다. 압축하중을 받는 경우 그 반대의 변형이 발생하기 때문에 포아송 비는 항상 양의 값을 갖는다.

그림 5.6 인장하중에 의한 축 방향의 신장과 측면 방향의 수축

5.1.5 체적 변형(volume change)

막대에 하중이 가해졌을 때, 인장 또는 압축 상태에 있는 막대의 크기(dimension)는 변하여, 막대의 체적 역시 변하게 된다. 인장응력을 받고 있는 막대의 미소 요소(element)를 고려해보자(그림 5.7). x, y, z축 방향으로 길이가 a, b, c를 갖는 직육면체에 x축 방향으로 인장하중이 가해져 그림 5.7처럼 실선의 형태로 변형이 일어난다고 가정하자.

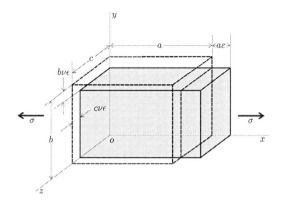

그림 5.7 막대의 미소 요소가 응력을 받았을 때 일어나는 변형(Gere & Timoshenko, 1990)

이 요소의 하중이 가해지는 방향으로의 변형은 $a\epsilon$만큼 일어난다. 여기서 ϵ는 축 방향의 변형률이다. 측면의 변형은 $-\nu\epsilon$이므로, y, z 방향의 측면의 길이는 각각 $b\nu\epsilon$, $c\nu\epsilon$만큼 줄어든다. 그러므로 요소의 최종 체적(V_f)은 다음과 같다.

$$V_f = abc(1+\epsilon)(1-\nu\epsilon)(1-\nu\epsilon) \tag{5.6}$$

위 식을 전개하는 경우, ϵ값 자체가 크지 않기 때문에 ϵ의 2승, 3승은 무시할 수 있다. 식 (5.6)은 다음과 같이 간략하게 나타낼 수 있다.

$$V_f = abc(1+\epsilon-2\nu\epsilon) \tag{5.7}$$

따라서 체적의 변화(ΔV)은 다음과 같다.

$$\Delta V = V_f - V_o = abc(1+\epsilon-2\nu\epsilon) - abc = abc\epsilon(1-2\nu) \tag{5.8}$$

체적 변형률(e)은 체적 변형을 원래의 체적으로 나누어 얻는다.

$$e = \frac{\Delta V}{V_o} = \epsilon(1-2\nu) = \frac{\sigma}{E}(1-2\nu) \tag{5.9}$$

5.1.6 전단 응력과 변형률

전단응력은 전단력(shear force, V)이 작용면에 수평으로 작용하는 경우로, 전단력을 작용면의 면적 A로 나눈 것이다.

$$\tau = \frac{V}{A} \tag{5.10}$$

그림 5.8과 같은 미소 요소(element)를 고려해보자. 이 요소의 앞면과 뒷면에는 어떤 응력도 작용하지 않으며, 요소의 윗면에 전단응력이 균일하게 분포한다고 가정하자. 이 요소가 x방향으로 평형상태가 되기 위해서는 크기는 동일하지만 방향이 반대인 전단응력이 요소의 아랫면에 존재해야 한다. 즉, 윗면의 전단력(τac)은 아랫면에 방향이 반대이면서 힘의 크기가 같은 전단력을 통해 균형을 이룬다. 이 두 힘은 z축에 대해 크기 τabc의 모멘트(moment)를 갖으며 짝(couple)을 이룬다. 또한 요소가 평형상태를 이루기 위해서는 이 모멘트가 측면의 전단응력에 기인한 모멘트에 따라서 균형을 이루어야 한다. 즉, 측면에 동일한 크기, 반대 방향의 모멘트가 작용해야 한다. 측면에 작용하는 전단응력을 τ_1이라고 하면, 수직 전단력은 $\tau_1 bc$가 되며 반시계 방향의 짝 모멘트 $\tau_1 abc$를 형성한다. 모멘트 평형에서 요소의 4개면에 작용하는 전단응력의 크기는 같아야 한다는 것을 알 수 있다(그림 5.8). 또한 반대편에 작용하는 전단응력도 크기가 같아야 하며, 방향은 반대여야 한다. 두 직각 면들에 존재하는 전단응력은 크기가 같아야 하며, 두 전단응력은 서로 모서리를 향하거나 모서리에서 멀어지는 방향을 갖는다.

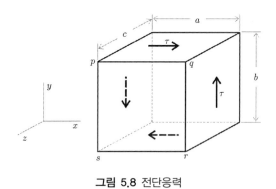

그림 5.8 전단응력

그림 5.8과 같은 전단응력을 받고 있는 요소를 순수전단(pure shear) 상태라 한다. 이러한 전단응력 하에서 물체가 변형된다면, 전단변형이 일어나게 된다(그림 5.9). 그림 5.9와 같이 전단응력은 작용면들의 길이를 변화시키지 않으며, 단지 요소의

형상만을 변형시킨다. 여기서 각도 γ가 변형의 측정 단위가 되며, 이를 전단변형률(shear strain)이라 하며, 단위는 라디안(radian)이다.

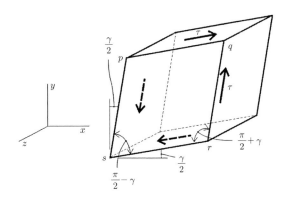

그림 5.9 전단변형(Gere & Timoshenko, 1990)

동일한 재료에 대해 $\tau - \gamma$의 관계는 $\sigma - \epsilon$와 유사하다. 대부분의 물체는 $\tau - \gamma$의 초기에 직선 관계를 보인다. 이러한 선형적인 탄성 영역에서 전단응력과 변형률은 서로 비례하며, 다음과 같이 전단응력의 Hooke 법칙으로 나타낼 수 있다.

$$\tau = G\gamma \tag{5.11}$$

여기서 G는 전단 상수(shear modulus)라 한다. G, E, ν는 물체의 탄성 특성과 무관하지 않으며, 전단 상수와 탄성률(또는 영률)은 다음 관계식으로 나타낼 수 있다.

$$G = \frac{E}{2(1+\nu)} \tag{5.12}$$

5.2 평면응력(plane stress)

힘처럼 응력은 작용면에 대해 수직성분과 수평성분(전단성분)을 갖는다. 그림 5.10(a)를 보면 외부에서 작용하는 하중이 물체 내부를 통해 전달되어 물체 내부의 작용면에 수직으로 그 힘이 전달된다. 이 경우 작용면에는 오직 수직성분만 존재하게 된다. 반면 작용면에 대한 수평성분은 0이 된다. 작용면에 전단성분이 0이 되는 경우를 주응력(principal stress) 상태라 하며, 이때의 작용면을 주응력면이라 한다. 그러나 물체 내부의 작용면이 외부에서 전달되는 힘의 방향과 서로 직각이 아닌 경우[그림 5.10(b)], 이 힘은 이 작용면에 대해 전단응력을 갖게 하며, 작용면에 수직성분과, 수평성분이 존재한다. 많은 경우에 있어서 외부에서 가해지는 압력이 암반의 단열 또는 지층의 경사와 서로 직각으로 놓이지 않게 된다. 암반의 경우 단열을 따라 암반의 파괴가 일어나기 때문에, 단열이라는 작용면에 대한 수직응력과 전단응력을 계산하여 응력을 해석할 필요가 있다.

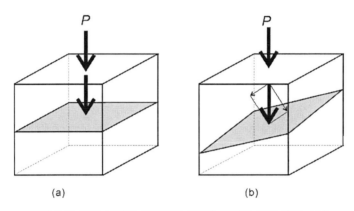

그림 5.10 물체 내부의 작용면과 하중의 방향에 따른 응력 성분

먼저 평면응력을 설명하기 위해 그림 5.11과 같이, 직육면체의 변이 x, y, z축과 평행인 요소(element)를 고려해보자. 그림과 같이 모든 응력이 요소의 x, y축 방향으로만 작용하는 상태를 평면응력 상태라 한다. 요소의 2차원 단면을 고려하면 평면응력 상태의 요소임을 쉽게 볼 수 있다[그림 5.11(b)]. 여기서 압축응력과 반시계 방향의 전단응력을 양(+)으로, 인장응력과 시계 방향의 전단응력을 음(−)으로 정의한다. 이 요소가 평형상태를 유지하기 위해서는 작용면에 작용하는 힘의 합력과 그 힘들의 모멘트가 0이 되어야 한다. 그림에서 응력을 표시할 때, 두 개의 아래 첨자로 방향을 표시하는데 첫 번째는 작용하는 면에 수직인 축을 나타내며, 두 번째 아래 첨자는 힘이 작용하는 방향을 의미한다. 양(+)의 방향인 축을 가로지르는 작용면을 양의 방향으로 정의한다. 예를 들어 σ_{xx}는 x축을 향하는 힘이

요소의 x축을 가로지르는 작용면에 가해지는 것을 의미하며 편의상 σ_x로 표기한다. σ_{xy}는 y축 방향의 힘이 요소의 x면(x축을 가로지르는 작용면)에 작용하는 것을 나타내는 전단응력으로서 수직응력과 구분하기 위해 τ_{xy}로 표기한다. 앞서 모멘트 평형으로부터 요소의 네 개면에 작용하는 전단응력의 크기는 같아야 한다는 것을 알 수 있었다. 따라서 τ_{xy}와 τ_{yx}는 같다. 따라서 어떤 한 면에 작용하는 전단응력을 알면 나머지 면에 작용하는 전단응력도 알 수 있다.

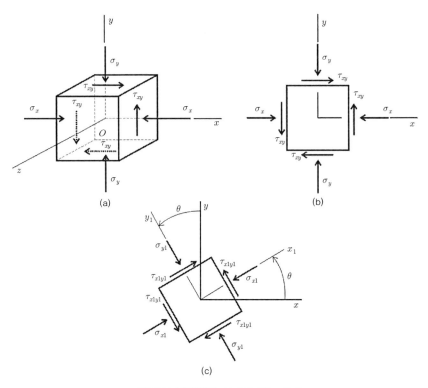

그림 5.11 평면응력 상태에 있는 요소

σ_x, σ_y, τ_{xy}를 알고 있다는 가정 하에, 경사진 단면에 작용하는 응력들을 고려해보자. 이를 위해 그림 5.11(c)처럼 z축을 중심으로 반시계 방향으로 θ만큼 회전시켜 얻은 요소를 고려하자. 여기서 회전 시, 반시계 방향을 양(＋)의 방향으로 정의한다. 이 새로운 요소에 관련된 축을 x_1, y_1이라고 하면, 이 새로운 경사면에 작용하

는 수직응력과 전단응력을 σ_{x1}, σ_{y1}, τ_{x1y1}, τ_{y1x1}로 표시할 수 있다. 앞에서 보여준 바와 같이 모멘트 평형에 따라 τ_{x1y1}와 τ_{y1x1}는 같다.

정적 평형(static equilibrium)의 원리를 이용하여 경사진 x_1y_1 요소에 작용하는 응력들을 xy 요소에 작용하는 응력으로 나타낼 수 있다. 이를 위해 경사진 요소의 x_1면을 경사면으로 갖고 나머지 두면은 x, y축에 평행한 쐐기 모양의 요소를 고려해보자[그림 5.12(a)]. 이 면들에 작용하는 힘과 자유 물체도를 작성하여 평형식으로 나타낼 수 있다[그림 5.12(b)].

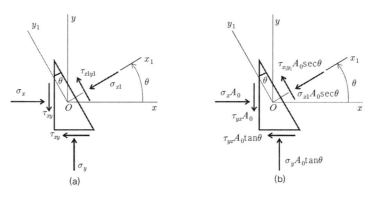

그림 5.12 쐐기 모양의 요소에 작용하는 (a) 응력과 (b) 힘(Gere & Timoshenko, 1990)

왼쪽 면(즉, 음의 x면)의 면적을 A_0로 나타내면, 이 면에 작용하는 수직력 및 전단력은 $\sigma_x A_0$, $\tau_{xy} A_0$가 된다. 바닥면(음의 y면)의 면적은 $A_0\tan\theta$가 되며, 이 면에 작용하는 수직 및 전단응력은 $\sigma_x A_0\tan\theta$, $\tau_{xy} A_0\tan\theta$가 된다. 마지막으로 경사진 면(양의 x_1면) 면적은 $A_0\sec\theta$가 되며, 이 면에 작용하는 수직력 및 전단력은 $\sigma_{x1} A_0\sec\theta$, $\tau_{x1y1} A_0\sec\theta$로 나타낼 수 있다. 이 쐐기 모양의 면에 작용하는 모든 힘들을 x_1, y_1방향에 대해 더하면 다음과 같다.

$$-\sigma_{x1}A_0\sec\theta + \sigma_x A_0\cos\theta - \tau_{xy}A_0\sin\theta$$
$$+\sigma_y A_0\tan\theta\sin\theta - \tau_{yx}A_0\tan\theta\cos\theta = 0$$

$$(5.13\text{a})$$

$$\tau_{x_1y_1}A_0\sec\theta - \sigma_x A_0\sin\theta - \tau_{xy}A_0\cos\theta$$
$$+\sigma_y A_0\tan\theta\cos\theta + \tau_{yx}A_0\tan\theta\sin\theta = 0$$

$$(5.13\text{b})$$

$\tau_{xy} = \tau_{yx}$의 관계식을 이용하여, 위 식 (5.13)을 다음과 같이 정리할 수 있다.

$$\sigma_{x1} = \sigma_x \cos^2\theta + \sigma_y \sin^2\theta - 2\tau_{xy}\sin\theta\cos\theta \tag{5.14a}$$

$$\tau_{x1y1} = (\sigma_x - \sigma_y)\sin\theta\cos\theta + \tau_{xy}(\cos^2\theta - \sin^2\theta) \tag{5.14b}$$

삼각함수의 정리 $\cos^2\theta = \dfrac{1}{2}(1+\cos2\theta)3,\ \sin^2\theta = \dfrac{1}{2}(1-\cos2\theta),\ \sin\theta\cos\theta = \dfrac{1}{2}\sin2\theta$ 를 이용하여, 식 (5.14)를 다음과 같이 나타낼 수 있다.

$$\sigma_{x1} = \frac{\sigma_x + \sigma_y}{2} + \frac{\sigma_x - \sigma_y}{2}\cos2\theta - \tau_{xy}\sin2\theta \tag{5.15a}$$

$$\tau_{x1y1} = \frac{\sigma_x - \sigma_y}{2}\sin2\theta + \tau_{xy}\cos2\theta \tag{5.15b}$$

식 (5.15)는 σ_{x1}, τ_{x1y1}에 관한 평면응력의 변환식이다. 어떤 점에 작용하는 응력의 본질적인 상태는 xy요소로 나타내든 x_1y_1요소로 나타내든 동일하다(그림 5.11). 경사진 요소의 y_1면에 작용하는 수직응력 σ_{y1}은 식 (5.15)에서 θ을 $\theta+90°$로 대치하면, $\cos2\theta = \cos(180°+2\theta) = -\cos2\theta$, $\sin2\theta = \sin(180°+2\theta) = -\sin2\theta$이 된다. 따라서 다음과 같은 식을 얻을 수 있다.

$$\sigma_{y1} = \frac{\sigma_x + \sigma_y}{2} - \frac{\sigma_x - \sigma_y}{2}\cos2\theta + \tau_{xy}\sin2\theta \tag{5.16}$$

식 (5.15a)와 식 (5.16)을 더하면 다음과 같다.

$$\sigma_{x1} + \sigma_{y1} = \sigma_x + \sigma_y \tag{5.17}$$

식 (5.17)은 평면응력 요소에서 서로 직각인 면에 작용하는 수직응력의 합은 일정하며, θ에 무관함을 보여준다.

5.3 주응력과 최대 전단응력

평면응력의 변환 식에 따르면 수직응력 σ_{x1}과 전단응력 τ_{x1y1}은 각도 θ에 따라 축이 회전하면서 계속적으로 변한다. 설계의 관점에서, 최대 수직 및 전단응력을 계산할 필요가 있다.

주응력(principal stresses)이라고 알려진 최대, 최소 수직응력을 결정하기 위해, 식 (5.15a)를 각도 θ에 대해 미분을 취하고, 이 식이 0이 될 때 수직응력은 최대 또는 최소가 된다.

$$\frac{d\sigma_{x1}}{d\theta} = -(\sigma_x - \sigma_y)\sin2\theta - 2\tau_{xy}\cos2\theta = 0 \tag{5.18}$$

식 (5.18)의 양변을 $\cos2\theta$로 나누면 주응력일 때의 평면의 각도를 나타낸다.

$$\tan2\theta_p = -\frac{2\tau_{xy}}{\sigma_x - \sigma_y} \tag{5.19}$$

tan 함수의 최댓값, 최솟값은 180° 사이를 두고 존재하기 때문에, 식 (5.19)는 최대, 최소 주응력이 서로 90° 직각 면에 존재함을 보여준다. 식 (5.19)의 응력과 θ_p 간의 관계를 이용하여 다음과 같은 주응력의 일반적인 식을 얻을 수 있다[그림 5.13(a)].

$$\cos2\theta_p = -\frac{\sigma_x - \sigma_y}{2R}, \quad \sin2\theta_p = \frac{\tau_{xy}}{R} \tag{5.20}$$

여기서,

$$R = \sqrt{\left(\frac{\sigma_x - \sigma_y}{2}\right)^2 + \tau_{xy}^2} \tag{5.21}$$

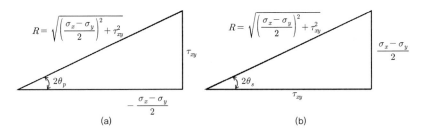

그림 5.13 (a) 응력과 주응력 면의 방향 θ_p, (b) 응력과 최대 전단응력이 작용할 때의 평면방향 θ_s 관계를 보여주는 도표

식 (5.20)를 식 (5.15a)에 대입하면, 주응력에 관한 식을 얻을 수 있다.

$$\sigma_1 = \frac{\sigma_x + \sigma_y}{2} - \sqrt{\left(\frac{\sigma_x - \sigma_y}{2}\right)^2 + \tau_{xy}^2} \tag{5.22}$$

$90°$ 직각 면에 작용하는 주응력을 σ_2라 하면, σ_2는 다음 조건을 이용하여 구할 수 있다.

$$\sigma_1 + \sigma_2 = \sigma_x + \sigma_y \tag{5.23}$$

식 (5.22)을 식 (5.23)식에 대입하면 σ_2에 관한 식을 얻을 수 있다.

$$\sigma_2 = \frac{\sigma_x + \sigma_y}{2} + \sqrt{\left(\frac{\sigma_x - \sigma_y}{2}\right)^2 + \tau_{xy}^2} \tag{5.24}$$

여기서 식 (5.24)가 (5.23)보다 주응력 값이 크기 때문에, 관례상 식 (5.24)을 최대 주응력 σ_1, 식 (5.23)을 최소 주응력 σ_2으로 표기한다.

θ_{p1}과 θ_{p2}는 주응력 σ_1, σ_2에 해당하는 주응력 평면을 정의하는 각도이며, 서로 직각을 이룬다. 식 (5.15b)에서 주응력 평면과 관련한 흥미로운 결과를 얻을 수 있다. τ_{x1y1}을 0으로 놓으면, 식 (5.19)과 동일한 식을 얻는다. 이는 주응력 평면에서 전단응력은 0이 된다는 중요한 사실을 알려준다.

이제는 평면응력 상태의 요소에 작용하는 최대 전단응력(maximum shear stress)과 그 응력이 작용하는 작용면을 계산해보도록 하자. 식 (5.15b)를 각도 θ에 대해 미분을 취하고, 이 식을 0으로 놓으면 다음 식을 얻을 수 있다.

$$\frac{d\tau_{x1y1}}{d\theta} = (\sigma_x - \sigma_y)\cos 2\theta - 2\tau_{xy}\sin 2\theta = 0 \tag{5.25}$$

식 (5.25)로부터 최대 전단력이 작용할 때의 평면 방향 θ_s를 결정할 수 있다.

$$\tan 2\theta_s = \frac{\sigma_x - \sigma_y}{2\tau_{xy}} \tag{5.26}$$

식 (5.13)은 τ_{x1y1}의 최댓값, 최솟값은 서로 직각인 평면에 작용한다는 것을 의미한다. 직각인 양 평면에 작용하는 전단응력은 서로 크기가 같아야 하기 때문에, 최댓값과 최솟값은 오직 방향을 나타내는 부호만 다르다. 식 (5.26)과 식 (5.19)을 비교하면, 다음과 같다.

$$\tan 2\theta_s = -\frac{1}{\tan 2\theta_p} = -\cot 2\theta_p \tag{5.27}$$

삼각함수 정리 $\tan(\alpha \pm 90°) = -\cot\alpha$를 이용하여, 위 식의 $-\cot 2\theta_p$는 $\tan(2\theta_p \pm 90°)$

로 바꿀 수 있다. 따라서 식 (5.27)은 $2\theta_s = 2\theta_p \pm 90°$, 즉 $\theta_s = \theta_p \pm 45°$가 된다. 이는 최대 전단응력이 작용하는 평면은 주응력 평면의 45°에서 나타남을 보여준다.

최대 전단응력 τ_{max}의 평면 방향을 θ_{s1}으로 정의하고, 식 (5.26)을 이용하면 다음과 같다[그림 5.13(b)].

$$\cos 2\theta_{s1} = \frac{\tau_{xy}}{R}, \quad \sin 2\theta_{s1} = \frac{\sigma_x - \sigma_y}{2R} \tag{5.28}$$

여기서,

$$R = \sqrt{\left(\frac{\sigma_x - \sigma_y}{2}\right)^2 + \tau_{xy}^2} \tag{5.29}$$

위 식 (5.28)를 식 (5.15b)에 대입하면, 최대 전단응력을 얻을 수 있다.

$$\tau_{max} = \sqrt{\left(\frac{\sigma_x - \sigma_y}{2}\right)^2 + \tau_{xy}^2} \tag{5.30}$$

주응력을 나타내는 식 (5.22)에서 식 (5.24)을 차감한 후에, 식 (5.30)과 비교하여 다음과 같이 주응력에서 최대 전단응력을 구하는 식을 유도할 수 있다.

$$\tau_{max} = \frac{\sigma_2 - \sigma_1}{2} \tag{5.31}$$

그러므로 최대 전단응력은 주응력 차의 1/2과 같다.

최대 전단응력의 평면에 작용하는 수직응력을 구하기 위해, 식 (5.28)을 식 (5.15a)에 대입하면, x, y평면에 작용하는 수직응력의 평균값과 동일한 수직응력을 얻게 된다. 즉, 최대 전단응력이 작용하는 평면에 작용하는 평균 수직응력(σ_{ave})은 다음과 같다.

$$\sigma_{ave} = \frac{\sigma_x + \sigma_y}{2} \tag{5.32}$$

예제 5-1: 그림 5.14와 같이 x축 방향으로 놓인 면에 인장응력 30MPa, y축 방향으로 놓인 면에 압축응력 10MPa, 전단응력이 10MPa이 작용하는 평면응력 상태에 있는 요소를 고려하자. 이때 주응력과 주응력면의 회전각, 그리고 최대 전단응력과 그 작용면의 회전각을 결정하고 물체요소에 도시하라.

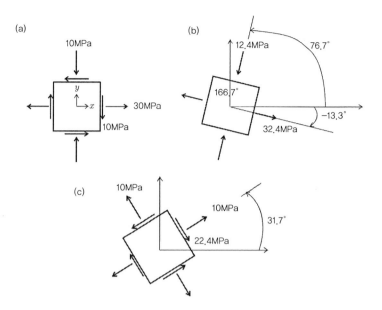

(a) 10MPa

y

x

30MPa

10MPa

(b) 12.4MPa

76.7˚

166.7˚

32.4MPa

−13.3˚

(c) 10MPa

10MPa

22.4MPa

31.7˚

그림 5.14 (a) 평면응력 상태, (b) 주응력, (c) 최대 전단응력

1) 주응력 : 주응력의 방향은 식 (5.19)을 이용하여 결정할 수 있다.

$$\tan 2\theta_p = \frac{2\tau_{xy}}{\sigma_y - \sigma_x} = \frac{-20}{10 - (-30)} = -0.5$$

위 결과에서 두 개의 주응력 방향을 다음과 같이 구할 수 있다.

$$2\theta_p = -26.6° \quad \theta_p = -13.3°, \text{ 그리고 } 2\theta_p = 153.4° \quad \theta_p = 76.7°$$

위에서 구한 주응력면의 회전각과 식 (5.15a)을 이용하여 주응력을 결정한다. 먼저 76.7°를 대입하면 압축응력 11.8MPa을 얻을 수 있다.

$$\sigma_{x1} = \frac{\sigma_x + \sigma_y}{2} + \frac{\sigma_x - \sigma_y}{2}\cos 2\theta - \tau_{xy}\sin 2\theta$$

$$\sigma_{x1} = -10 - 20\cos(153.4°) + 10\sin(153.4°)$$

$$\sigma_{x1} = 12.4\text{MPa for } \theta_p = 76.7°$$

유사하게 나머지 주응력 방향을 대입하여, 최대, 최소 주응력을 σ_1, σ_2를 구하면 다음과 같다.

$$\sigma_1 = 12.4\text{MPa for } \theta_\text{p} = 76.7°$$

$$\sigma_2 = -32.4\text{MPa for } \theta_\text{p} = -13.3°$$

주응력이 작용할 때의 평면응력 상태를 그림 5.14(b)에 도시하였다.

2) 최대 전단응력 : 최대 전단응력은 식 (5.30)을 이용하면, 다음과 같이 22.4MPa을 얻을 수 있다.

$$\tau_{\max} = \sqrt{\left(\frac{\sigma_x - \sigma_y}{2}\right)^2 + \tau_{xy}^2} = \sqrt{\left(\frac{-40}{2}\right)^2 + (-10)^2} = 22.4\text{MPa}$$

최대 전단응력이 작용하는 방향은 식 (5.26)을 이용하여 구할 수 있다.

$$\tan 2\theta_s = \frac{\sigma_x - \sigma_y}{2\tau_{xy}} = \frac{-30 - 10}{2(-10)} = 2, \ \theta_s = 31.7°$$

나머지 한 방향은 두 방향이 서로 직각인 관계를 이용하면 다음과 같이 구할 수 있다.

$$\theta_{s2} = \theta_{s1} + 90° = 31.7° + 90° = 121.7°$$

식 (5.15b)를 이용하여 각 회전각에 대한 최대, 최소 전단응력값을 결정한다. 최대 전단응력이 작용하는 평면에 작용하는 수직응력은 10MPa의 인장응력이 된다.

$$\sigma_{ave} = \frac{\sigma_x + \sigma_y}{2} = \frac{-30 + 10}{2} = -10\text{MPa}$$

최대 전단응력이 작용할 때의 평면응력 상태를 도시하면 그림 5.14(c)와 같다.

5.4 평면응력 상태에 대한 모어 원

평면응력 상태에서의 변환 식 (5.15)을 그래프의 형태로 나타낸 것이 모어 원 (Mohr's circle)이다. 모어 원은 물체의 다양한 경사면에 작용하는 수직, 전단응력 의 관계를 시각적으로 나타내기 때문에 매우 유용하다. 모어 원을 그리기 위해 식 (5.15)를 정리하면 다음과 같다.

$$\sigma_{x1} - \frac{\sigma_x + \sigma_y}{2} = \frac{\sigma_x - \sigma_y}{2}\cos 2\theta - \tau_{xy}\sin 2\theta$$

$$\tau_{x1y1} = \frac{\sigma_x - \sigma_y}{2}\sin 2\theta + \tau_{xy}\cos 2\theta$$

위의 식은 θ를 매개변수로 하는 식이기 때문에, 양변에 제곱을 취한 후 두 식을 더하면 다음의 식으로 정리된다.

$$1\left(\sigma_{x1} - \frac{\sigma_x + \sigma_y}{2}\right)^2 + \tau_{x1y1}^2 = \left(\frac{\sigma_x - \sigma_y}{2}\right)^2 + \tau_{xy}^2 \tag{5.33}$$

식 (5.29)과 (5.32)식을 이용하여 식 (5.33)을 간단히 나타낼 수 있다.

$$\left(\sigma_{x1} - \sigma_{ave}\right)^2 + \tau_{x1y1}^2 = R^2 \tag{5.34}$$

식 (5.34)은 σ_{x1}과 τ_{x1y1}을 축, 그리고 R을 반경, 중심의 좌표가 (σ_{ave}, 0)을 갖는 원의 방정식이 된다. σ_{x1}과 τ_{x1y1}을 x, y축으로 놓는다(그림 5.15).

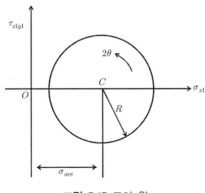

그림 5.15 모어 원

그림 5.16(a)의 평면응력을 모어 원으로 나타내기 위해서는 다음과 같다.

1. 먼저 좌표가 (σ_{ave}, 0)인 원의 중심, 즉 C를 표시한다.

2. x면($\theta = 0$)에서의 응력상태 σ_x, τ_{xy}와 y면($\theta = 90$)에서의 응력상태 σ_y, $-\tau_{xy}$를 모어 원상의 점 A, B를 도시한다[그림 5.16(b)].

3. y면에서의 응력상태는 $\sigma_{x1} = \sigma_y$, $\tau_{x1y1} = -\tau_{xy}$가 된다.

4. 중심 C를 통해 AB를 연결하는 직선을 그린다. 이때 AB의 거리는 원의 직경이 된다. C를 중심으로 AB를 지나가는 원을 그린다[그림 5.16(c)].

직선 CA는 원의 반경이 된다. 점 C, A의 x좌표는 각각 $(\sigma_x + \sigma_y)/2$, σ_x이며, 점 A의 y좌표는 τ_{xy}이다. 따라서 직선 CA는 한 변의 길이 $(\sigma_x - \sigma_y)/2$와 다른 한 변의 길이 τ_{xy}를 갖는 직각 삼각형의 빗변이 된다. 이 두 변의 제곱을 취한 후 그 합은 R이 된다[식 (5.29) 참조].

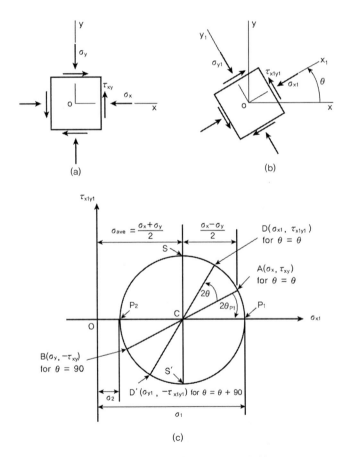

그림 5.16 평면응력을 도시한 모어 원

이제 x축에서 각도 θ 만큼 회전한 요소에 작용하는 응력을 결정하재[그림 5.16(b)].

1. 점 A는 $\theta = 0$이기 때문에 반경 CA에서 반시계 방향으로 2θ만큼 회전한 지점을 D라고 하자. 이 지점의 좌표는 σ_{x1}, τ_{x1y1}가 되며, 이는 응력요소의 x_1 면에 작용하는 응력이 된다.

2. 점 D의 반대에 위치한 점 D'는 점 D에 해당하는 면에 직각인 면의 응력상태, 즉 y_1면 위의 σ_{y1}, $\tau_{y1x1} (= -\tau_{x1y1})$을 나타낸다.

3. 모어 원 위의 점 A에서 $2\theta_{p1}$만큼 시계 방향으로 회전시키면, x축 위의 점 P_1이 되고 이 점은 수직응력이 최대이고 전단응력은 0이 되는 점이다. 따라서 P_1은 최대 주응력(σ_1), 반대 점 P_2는 최소 주응력(σ_2)을 나타낸다.

4. 최대, 최소 전단응력은 모어 원 상에 점 S, S'이며, 이는 점 P_1과 P_2에서 $90°$ 관계를 보인다. 따라서 주응력면에서 $45°$에 방향에 최대 전단응력면이 놓이게 된다. 또한 최대 전단응력이 작용하는 면에서의 수직응력은, 점 C에서의 응력상태, 즉 평균 수직응력이 된다[식 (5.32)].

예제 5-2 : 예제 5-1처럼 평면응력 상태에 있는 요소를 고려하재[그림 5.17(a)]. 모어 원을 이용하여 주응력, 최대 전단응력을 결정하라.

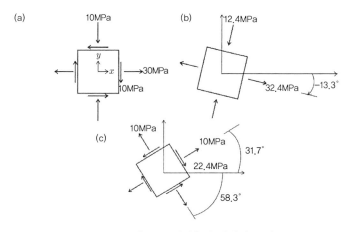

그림 5.17 평면응력 상태의 물체

먼저 모어 원을 구성해보자(그림 5.18).

1. 양의 x 면에 작용하는 수직응력($\sigma_x = -30\text{MPa}$)과 전단응력($\tau_{xy} = -10\text{MPa}$)를 모어 원에 점 A로 표시한다.

2. 양의 y 면에 작용하는 수직응력($\sigma_y = 10\text{MPa}$)과 전단응력($\tau_{xy} = 10\text{MPa}$)를 모어 원에 점 B로 표시한다.

3. 모어 원의 중심을 다음과 같이 계산한 후 점 C를 표시한다.

$$\sigma_{ave} = \frac{-30+10}{2} = -10\text{MPa}$$

4. 점 C를 중심으로 점 A, B를 연결하는 원을 그린다. 모어 원의 반지름은 다음과 같이 결정되며, 모어 원 상에서도 물론 알 수 있다.

$$\tau_{\max} = \sqrt{\left(\frac{\sigma_x - \sigma_y}{2}\right)^2 + \tau_{xy}^2} = \sqrt{\left(\frac{40}{2}\right)^2 + (-10)^2} = 22.4\text{MPa}$$

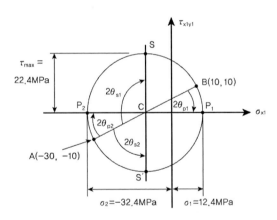

그림 5.18 예제 5-2의 응력상태를 모어 원에 도시한 그림

1) 주응력: 모어 원 상의 점 A에서 $2\theta_{P2} = -26.6°$만큼 회전시켜 최소 주응력 $\sigma_2 = -32.4\text{MPa}$(점 P_2), 점 B에서 $2\theta_{P1} = -26.6°$만큼 회전시켜 최대 주응력 $\sigma_1 = 12.4$ MPa(점 P_1)를 얻을 수 있다. 그림 5.17(a)의 응력 요소를 시계 방향으로 13.3° 회전시켰을 때, 전단응력이 0이 되는 주응력 면이 나타난다[그림 5.17(b)].

2) 최대 전단응력 : 최대 전단응력은 모어 원 상의 점 S와 S'으로써 점 S는 모어 원 상의 점 A에서 시계 방향으로 $2\theta_{s1} = -116.6°$만큼 회전시켜 얻을 수 있다(그림 5.18). 이때 최대 전단응력은 $\tau_{xy} = 22.4\text{MPa}$이 된다. 점 S'는 모어 원 상의 점 A에서 반시계 방향으로 $2\theta_{s2} = 63.4°$만큼 회전시켜 최대 전단응력($\tau_{xy} = -22.4\text{MPa}$)을 갖는다. 이때의 수직응력은 10MPa이 된다. 그림 5.17(a)의 응력 요소를 시계 방향으로 58.3° 회전시켰을 때, 전단응력이 최대가 되는 경사면이 나타난다[그림 5.17(c)].

5.5 평면응력 상태에 대한 Hooke 법칙

지금까지 물체의 평면응력 상태를 다루었으나, 본 절에서는 물체의 변형률을 다루고자 한다. Hooke의 법칙이 유효하다면 물체는 선형 탄성적으로 거동한다. 그렇다면 우리는 물체의 응력과 변형률 간의 관계를 쉽게 파악할 수 있다. 그림 5.19와 같이, 각 변이 단위 길이를 갖는 물체의 수직 변형률 ϵ_x, ϵ_y, ϵ_z를 고려해보자.

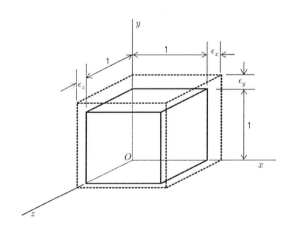

그림 5.19 수직 변형률(Gere & Timoshenko, 1990)

물체의 x면에 작용하는 수직응력 σ_x는 σ_x/E만큼의 ϵ_x를 일으키며, y면에 작용하는 수직응력 σ_y 역시 $-\nu\sigma_y/E$만큼의 ϵ_x를 일으킨다. 물론, 전단응력은 x방향의 수직변형은 일으키지 못한다. 그러므로 ϵ_x는 다음과 같다.

$$\epsilon_x = \frac{1}{E}(\sigma_x - \nu\sigma_y) \tag{5.35}$$

유사하게 y, z방향에서의 수직 변형률을 계산할 수 있다.

$$\epsilon_y = \frac{1}{E}(\sigma_y - \nu\sigma_x), \ \epsilon_z = -\frac{\nu}{E}(\sigma_x + \sigma_y) \tag{5.36a, b}$$

식 (5.35), (5.36)은 물체의 응력상태를 안다면, 수직 변형률 역시 계산할 수 있음을 의미한다.

전단응력은 물체에 뒤틀림(distortion)을 일으켜 물체의 z면이 마름모로 변형된다 (그림 5.20). 이 전단변형률(γ_{xy})은 물체의 x, y면 사이 각도가 감소되는 정도로 나타낸다. 평면응력 상태의 물체에 어떤 다른 전단응력이 작용하지 않기 때문에 [그림 5.11(a)], x, y면에는 뒤틀림이 일어나지 않으며, 정사각형을 유지한다. Hooke의 법칙에 따라 전단변형률은 다음과 같다.

$$\gamma_{xy} = \frac{\tau_{xy}}{G} \tag{5.37}$$

이때 수직응력 σ_x, σ_y은 전단변형률에 영향을 미치지 못한다. 식 (5.35)〜(5.37)을 이용하여 수직응력 및 전단응력이 동시에 작용할 때 변형률을 계산할 수 있다. 수직 변형률에 대한 식 (5.35)와 식 (5.36a)를 이용하여 수직응력에 대하여 정리할 수 있다.

$$\sigma_x = \frac{E}{1-\nu^2}(\epsilon_x + \nu\epsilon_y), \ \sigma_y = \frac{E}{1-\nu^2}(\epsilon_y + \nu\epsilon_x) \tag{5.38}$$

식 (5.37)을 전단응력에 대하여 정리할 수 있다.

$$\tau_{xy} = G\gamma_{xy} \tag{5.39}$$

식 (5.35)〜(5.39)을 평면응력 상태에서의 Hooke의 법칙이라 한다.

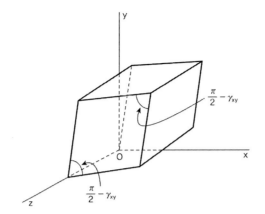

그림 5.20 전단변형률(Gere & Timoshenko, 1990)

1. 본문과 다르게 시계 방향의 전단응력을 양(+)으로 정의한 평면응력 요소와, 그 요소를 반시계 방향으로 θ만큼 회전시킨 경사면을 x_1면으로 갖는 쐐기 모양의 요소를 고려해보자(그림 5.21). 이때 σ_{x1}, τ_{x1y1}에 관한 평면응력의 변환식과 주응력의 방향(θ_p)과 주응력(σ_1, σ_2)에 관한 식이 다음과 같아야 한다.

$$\sigma_{x1} = \frac{\sigma_x + \sigma_y}{2} + \frac{\sigma_x - \sigma_y}{2}\cos2\theta + \tau_{xy}\sin2\theta \tag{5.40}$$

$$\tau_{x1y1} = -\frac{\sigma_x - \sigma_y}{2}\sin2\theta + \tau_{xy}\cos2\theta \tag{5.41}$$

$$\tan2\theta_p = \frac{2\tau_{xy}}{\sigma_x - \sigma_y} \tag{5.42}$$

$$\sigma_1 = \frac{\sigma_x + \sigma_y}{2} + \sqrt{\left(\frac{\sigma_x - \sigma_y}{2}\right)^2 + \tau_{xy}^2} \tag{5.43}$$

$$\sigma_2 = \frac{\sigma_x + \sigma_y}{2} - \sqrt{\left(\frac{\sigma_x - \sigma_y}{2}\right)^2 + \tau_{xy}^2} \tag{5.44}$$

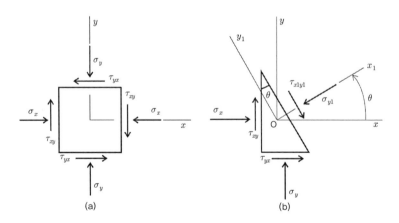

그림 5.21 압축응력과 시계 방향의 전단응력을 양(+)으로 정의한 (a) 평면응력 상태와 (b) 쐐기 모양의 요소에 작용하는 응력을 보여주는 모식도

2. 연습문제 1과 같이, 최대 전단응력($\tau_{\max}$)과 방향(θ_s)에 관한 식이 다음과 같아야 한다.

$$\tau_{\max} = \sqrt{\left(\frac{\sigma_x - \sigma_y}{2}\right)^2 + \tau_{xy}^2} \qquad (5.45)$$

$$\tan 2\theta_s = -\frac{\sigma_x - \sigma_y}{2\tau_{xy}} \qquad (5.46)$$

3. 그림 5.22에서 x축 방향으로 압축응력 1MPa, y축 방향으로 압축응력 3MPa, 전단응력 0.5MPa이 작용하는 평면응력 상태의 요소에서 주응력과 그 방향, 그리고 최대 전단응력과 방향을 구하라.

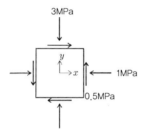

그림 5.22 평면응력 상태를 보여주는 모식도

4. 연습문제 3과 동일한 조건에서 주응력과 그 방향, 그리고 최대 전단응력과 방향을 모어 원을 이용하여 구하라.

5. 그림 5.23과 같이 주응력 상태에 있는 요소를 고려하자. 이 요소의 경사진 면에 작용하는 수직응력과 전단응력을 구하라.

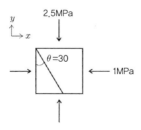

그림 5.23 주응력 상태의 요소를 보여주는 모식도

06 흙의 공학적 특성

06 흙의 공학적 특성

고결되지 않은 상태의 광물입자들이나 분해된 유기물질, 그리고 수분과 기체의 결합체를 흙(soil)이라고 한다. 흙이란 풍화가 아주 심하게 진행된 상태의 암석 또는 암석의 풍화잔류물로서, 석화작용이 진행되기 이전의 물질을 의미한다. 흙의 물성은 단위중량이나 공극률과 같은 기본적인 지수들 외에도 입도분포, 투수율, 압축률, 전단강도, 지지력(load-bearing capacity) 등을 들 수 있다. 토질역학에서는 여러 형태의 하중을 받는 흙이나 지반의 공학적 거동을 다룬다.

흙 입자는 크기에 따라 자갈(gravel), 모래(sand), 실트(silt) 및 점토(clay)로 분류한다. 이중, 자갈과 모래를 조립토(coarse-grained soil), 실트와 점토를 세립토(fine-grained soil)로 구분한다. 현장에서 흙 입자의 분류는 통일분류법(unified soil classification system, USCS)이나 AASHTO(American Association of State Highways and Transportation Officials) 분류 기준을 사용한다(표 6.1).

표 6.1 흙 입자의 분류

classification	gravel	sand	silt	clay
USCS	76.2 ~ 4.75 mm	4.75 ~ 0.075 mm	< 0.075 mm(fines)	
AASHTO	76.2 ~ 2 mm	2 ~ 0.75 mm	0.075 ~ 0.002 mm	< 0.002 mm

6.1 흙의 기본 물성과 분류

6.1.1 흙의 구성

흙은 흙 입자(soil particles) 등의 고체와 흙 입자 사이의 공극(void)을 채우고 있는 물, 그리고 기체로 이루어져 있다(그림 6.1). 공극이 물로 채워진 경우를 완전 포화 상태라고 한다. 기체, 즉 공기의 무게는 보통 무시된다. 흙을 구성하는 기체, 액체 및 고체들 사이의 부피, 중량 관계에 의하여 흙의 기본 물성들을 정의한다.

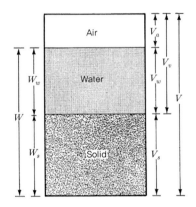

그림 6.1 흙의 구성(Das, 2007)

1) 비중과 단위중량

물질의 밀도(density, ρ), 즉 단위질량은 단위부피당 물질의 질량(mass, m), 그리고 단위중량(unit weight, γ)은 단위부피당 물질의 중량(weight)을 의미한다. 4℃를 기준으로, 물의 밀도(ρ_w)는 1g/cm^3, 또는 1000kg/m^3이다. 또한, 물의 단위중량(γ_w)은 1ton/m^3, 또는 9.8kN/m^3로 주어진다.

$$\gamma_w = 1\text{t/m}^3 = 1000\text{kg} \times (9.8\text{m/sec}^2)/\text{m}^3 = 9.8\text{kN/m}^3 \qquad (6.1)$$

흙 입자의 비중(specific gravity, G_s)은 흙 입자의 밀도(ρ_s)를 동일한 온도에서의 물의 밀도로 나눈 값이며, 흔히 단위중량을 사용하여 나타낸다. 즉,

$$G_s = \frac{\rho_s}{\rho_w} = \frac{\rho_s \cdot g}{\rho_w \cdot g} = \frac{\gamma_s}{\gamma_w} \tag{6.2}$$

흙 입자의 비중은 조립토(즉, 모래)는 2.55~2.65, 세립토의 경우에는 2.70~2.80의 범위를 갖는다.

2) 부피에 따른 지수

흙을 구성하는 흙 입자와 공극, 그리고 물의 부피를 기준으로 정의되는 물성들은 간극비, 공극률, 포화도 등이 있다. 전체부피 V에서 흙 입자의 부피를 V_s, 공극의 부피를 V_v, 공극 내에서 물이 차지하는 부피를 V_w, 그리고 공기의 부피를 V_a라고 하면,

$$V = V_s + V_v = V_s + (V_w + V_a) \tag{6.3}$$

① 간극비(void ratio, $e = V_v/V_s$) : 공극의 부피와 흙 입자 부피 사이의 비율

② 공극률(porosity, $n = V_v/V$) : 전체부피에서 공극이 차지하는 비율

③ 포화도(degree of saturation, $S = V_w/V_v$) : 공극의 부피 중 물이 차지하는 비율

간극비는 1보다 큰 값을 가질 수 있으나, 공극률은 항상 1보다 작다. 간극비와 공극률은 다음과 같다.

$$e = \frac{V_v}{V_s} = \frac{V_v}{V - V_v} = \frac{n}{1-n} \quad (\text{또는, } n = \frac{e}{1+e}) \tag{6.4}$$

포화도는 공극의 부피 중 물이 차지하는 부피의 비율이며, 공극 전체가 물로 완전히 채워진 경우를 포화상태(saturated, $s=1$), 물이 전혀 없는 경우를 건조 상태(dried, $s=0$)라고 한다. 간극비와 공극률, 포화도 등은 % 단위로 나타낼 수 있으며, 여러 기본 물성들을 포함하는 공식을 적용할 때에는 단위 통일에 주의해야 한다.

3) 중량에 따른 지수

흙의 전체 중량은 흙 입자의 중량, 물의 중량, 그리고 공기의 중량으로 구성되며 흔히 공기의 중량은 무시한다. 즉,

$$W = W_s + W_w + W_a \simeq W_s + W_w \tag{6.5}$$

구성 성분들의 중량이 적용되는 물성은 함수비와 단위중량이 있다.

① 함수비(water content, $w = W_w / W_s$) : 흙 입자의 중량에 대한 물의 중량의
비율

② 전체단위중량(total unit weight, γ_t) : 단위부피의 흙의 중량

$$\gamma_t = \frac{W}{V} = \frac{W_s + W_w}{V} = \frac{W_s(1+w)}{V} = \frac{(1+w)G_s\gamma_w}{1+e} \tag{6.6}$$

③ 건조단위중량(dry unit weight, γ_d) : 건조 상태의 흙의 단위중량

$$\gamma_d = \frac{W_s}{V} = \frac{\gamma_t}{1+w} = \frac{G_s\gamma_w}{1+e} \tag{6.7}$$

④ 포화단위중량(saturated unit weight, γ_{sat}) : 물로 포화된 흙의 단위중량

$$\gamma_{sat} = \frac{W_s + W_w}{V} = \frac{(G_s+e)\gamma_w}{1+e} \tag{6.8}$$

흙의 함수비를 나타내는 식은 다음과 같이 변형될 수 있다.

$$w = \frac{W_w}{W_s} = \frac{\gamma_w \cdot V_w}{\gamma_s \cdot V_s} = \frac{1}{G_s} \cdot \frac{V_w/V_v}{V_s/V_v} = \frac{S \cdot e}{G_s} \tag{6.9}$$

위에서, $S \cdot e = G_s \cdot w$로 주어지는 식은 각 기본 물성들의 관계를 포괄적으로 나
타내기 때문에 매우 유용하게 사용된다.

흙의 전체 단위중량은 습윤 단위중량 γ_{moist}이라고도 한다. 건조단위중량은 흙의
함수비 $w = 0$일 때에 해당하며, 전체 단위중량을 나타내는 식 (6.6)에 $w = 0$을 대
입하면 된다. 또한, 포화 단위중량은 포화도 $S = 1$일 때이므로, 식 (6.6)에 $w = e/G_s$
를 대입한다.

6.1.2 상대밀도

흙의 상대밀도(relative density, D_r)는 조립토의 상대적인 현장 조밀도를 표현하기
위한 용어이다. 상대밀도는 흙이 가장 느슨한 상태에서의 최대 간극비, $e_{\max}$와 가

장 조밀한 상태에서의 최소 간극비, e_{min}를 기준으로 현 지반에서의 간극비 e를 사용하여 나타낸다. 즉, 상대밀도는 다음 식과 같다.

$$D_r = \frac{e_{max} - e}{e_{max} - e_{min}}$$ (6.10)

상대밀도는 아주 느슨한 상태의 흙인 경우 0, 그리고 아주 조밀한 상태의 흙인 경우에 1에 가까운 값을 나타낸다. 표 6.2는 상대밀도에 따른 흙의 분류를 나타낸다.

표 6.2 상대밀도에 따른 흙의 분류

상대밀도(%)	흙의 분류
$0 \sim 15$	매우 느슨(Very loose)
$15 \sim 50$	느슨(Loose)
$50 \sim 70$	중간(Medium)
$70 \sim 85$	조밀(Dense)
$85 \sim 100$	매우 조밀(Very dense)

상대밀도는 흔히 흙의 최대 및 최소 건조단위중량, 그리고 현 지반상태에서의 건조단위중량을 사용하여 나타내기도 한다. 즉,

$$D_r = \frac{1/\gamma_{d_{min}} - 1/\gamma_d}{1/\gamma_{d_{min}} - 1/\gamma_{d_{max}}} = \left[\frac{\gamma_d - \gamma_{d_{min}}}{\gamma_{d_{max}} - \gamma_{d_{min}}} \right] \cdot \left[\frac{\gamma_{d_{max}}}{\gamma_d} \right]$$ (6.11)

흙의 최대 및 최소 건조단위중량은 표준시험방법에 따라 측정한다. 표 6.3은 대표적인 흙 시료들의 현장 간극비, 포화상태의 함수비, 그리고 건조단위중량 등을 나타낸다.

표 6.3 흙 시료의 물성

흙의 종류	간극비 (e)	w, 포화상대의 함수비(%)	건조단위중량 (kN/m³)
Loose uniform sand	0.8	30	14.5
Dense uniform sand	0.45	16	18
Loose angular-granined silty sand	0.65	25	16
Dense angular-grained silty sand	0.4	15	19
Stiff clay	0.6	21	17
Soft clay	0.9 ~ 1.4	30 ~ 50	11.5 ~ 14.5
Loess	0.9	25	13.5
Soft organic clay	2.5 ~ 3.2	90 ~ 120	6 ~ 8
Glacier till	0.3	10	21

6.1.3 흙의 연경도와 소성도

점토광물을 포함하는 세립질 흙의 경우, 수분을 포함할 때 일정한 형태로 성형이 가능하다. 이는 흙 입자들의 점착성에서 비롯된 것으로, 이러한 점착성은 점토광물 입자 주변에 흡착된 물에 따른 것이다. 즉, 세립질의 흙은 함수비의 변화에 따라 액체, 소성체, 반고체, 고체 등으로 상태가 변하며, 변형 특성을 비롯한 공학적 특성이 달라진다.

아터버그 한계(Atterberg's limits)는 각 상태 경계에서의 함수비를 나타낸다. 아터버그 한계는 점토광물의 종류와 함량 등에 따라 달라지며, 흙의 압축성과 관련된 중요한 자료이다.

① 액성한계(liquid limit, LL) : 액체 → 소성체
② 소성한계(plastic limit, PL) : 소성체 → 반고체
③ 수축한계(shrinkage limit, SL) : 반고체 → 고체
④ 소성지수(plasticity index, Π) : 액성한계와 소성한계의 차, $\Pi = LL - PL$

점성토의 중요한 특성을 나타내는 액성한계와 소성한계 등은 비교적 간단한 장치를 사용하여 측정할 수 있으며, 또한 다른 물성들을 추정하거나 흙을 분류하는 데 효과적으로 활용할 수 있다. Casagrande(1932)는 흙의 소성지수와 액성한계를 사용하여 그림 6.2와 같은 소성도(plasticity chart)를 제안하였으며, 이 소성도는 점토

와 실트를 구분하는 데 활용된다.

소성도에 포함된 A-line은 $PI = 0.73(LL - 20)$의 식으로 정의된 경계선으로, 무기질의 점토와 무기실의 실트를 구분하며, 무기질 점토는 소성도의 A선 하부에 위치한다. 유기질의 실트는 중간정도의 압축성을 갖는 무기질 실트와 같은 영역(A-line 하부, $LL = 30 \sim 50$)에 속한다. 또한, 유기질 점토는 높은 압축성의 무기질 실트와 같은 영역(A-line 하부, $LL = 50$ 이상의 영역)에 속한다. 소성도에 따른 흙의 분류는 통일분류법에서 중요하게 적용된다. 소성도에 포함된 U-line은 흙의 소성지수와 액성한계 사이의 관계 상한을 나타내는 것으로, $PI = 0.9(LL - 8)$의 식으로 주어진다.

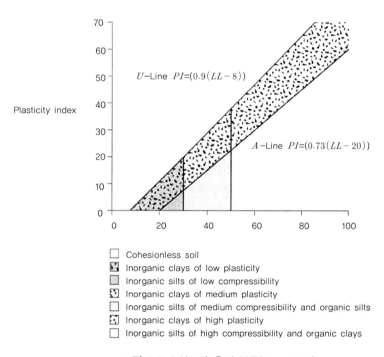

그림 6.2 소성도와 흙의 분류(Das, 2007)

6.1.4 입도분포

흙의 입도 분석은 흙 시료에 포함된 입자들의 크기와 분포를 결정하기 위한 것으로 전체 중량에 대한 백분율(%)로 나타낸다. 조립질 흙의 입도분포(particle size distribution)는 체 분석(sieve analysis)을, 그리고 실트나 점토와 같은 세립질 성분 (200mesh 이하)은 비중계 분석(hydrometer analysis)을 적용한다.

1) 체 분석

조립질 흙에 대한 체 분석은 표준체와 체 진동기(sieve shaker)를 사용한다. 보통 #4, #10, #20, #40, #100, #140, #200, 그리고 pan 등 8개의 sieve set에 건조시킨 흙을 넣고 일정한 시간 동안 진동시킨 후 각 체에 남아 있는 흙의 무게를 측정한 다. 표 6.4는 체의 규격(mesh)과 통과하는 입자의 크기를 나타낸다.

표 6.4 표준체의 규격과 입자 크기

체 번호	opening(mm)	체 번호	opening(mm)
4	4.750	60	0.250
8	2.360	80	0.180
10	2.000	100	0.150
20	0.850	140	0.106
40	0.425	200	0.075

다음 표는 체 분석의 결과와 통과 백분율을 계산하는 예이다. 그림 6.3은 체 분석 의 결과를 반대수(semi-log) 용지를 사용하여 나타낸 것이다.

체 번호	직경(mm)	잔류량(grf)	잔류율(%)	통과 백분율(%)
10	2.000	0	0	100
16	1.180	9.90	2020	97.8
30	0.600	24.66	5.48	92.32
40	0.425	17.60	3.91	88.41
60	0.250	23.90	5.31	83.10
100	0.150	35.10	7.80	75.30
200	0.075	59.85	13.30	62.00
fan	–	278.99	62.00	0

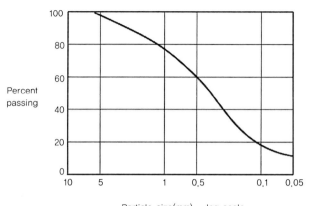

Percent passing

Particle size(mm) — log scale

그림 6.3 체 분석 결과

2) 비중계 분석

세립질 흙의 경우에는 체 분석을 사용하여 입도분포를 측정하기 어렵다. 세립토는 그림 6.4와 같은 비중계를 사용하여 입도 분석을 하며, 입자의 크기(즉, 무게)에 따라 물속에서 침강 속도가 다르다는 사실을 이용한다. 침강 속도는 흙 입자들의 형상, 크기, 무게, 그리고 물의 점성도에 따라 달라진다.

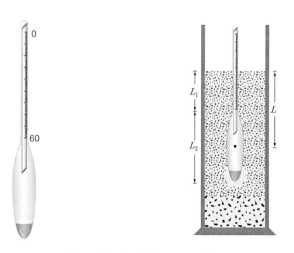

그림 6.4 비중계 분석(Das, 2007)

3) 입도분포곡선

체 분석과 비중계 분석에 의해 흙 시료에 포함된 입자들의 입도분포를 측정하면 그림 6.5와 같은 입도분포곡선(particle distribution curve)으로 나타낼 수 있다. 그림 6.5는 두 개의 시료에 대한 입도분포 특성에 대한 측정결과를 나타내며, B 시료에 비하여 A 시료가 다양한 크기의 입자들을 포함하고 있음을 확인할 수 있다. 시료의 입도분포 특성은 지반의 공학적 특성과 관련된 중요한 자료이다.

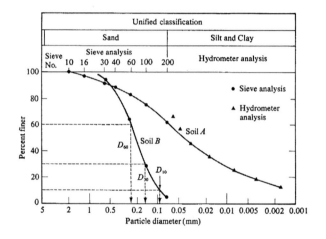

그림 6.5 입도분포곡선(Das, 2007)

입도분포곡선의 세로축은 통과 백분율(percent finer)로서 각각의 체를 통과한 흙의 무게가 전체 시료의 무게에서 차지하는 비율, 그리고 비중계 분석에 따라 세립질의 크기별 함량을 백분율로 나타낸 것이다. 입도분포곡선으로부터 다음과 같은 자료를 구하여 흙의 분류에 사용한다.

① 유효 크기(effective size, D_{10}) : 통과 백분율 10%에 해당하는 입자의 크기
② 균등 계수(uniformity coefficient, C_u) : $C_u = D_{60}/D_{10}$
③ 곡률 계수(coefficient of gradation, C_z) : $C_z = D_{30}^2/(D_{60} \times D_{10})$

6.1.5 흙의 분류

다양한 종류의 흙은 몇몇 중요한 물성에 따라 분류할 수 있다. 즉, 비슷한 물성을 나타내는 흙은 동일한 그룹에 속하는 것으로 분류되며 또는 동일한 그룹에 속하는 흙은 비슷한 물성이 나타날 것으로 예상한다. 흙의 분류는 입도분포와 소성도(plasticity)를 기준으로 이루어진다. 즉, 자갈, 모래, 실트 및 점토의 상대적인 함량과 세립질의 특성 등이 흙을 분류하는 주요 기준이 된다. 목적에 따라 여러 분류기준을 제시하였으나, 건설 현장에서 일반적으로 적용되는 것은 AASHTO 분류법과 통일분류법(USCS)이다.

1) AASHTO 분류법

AASHTO 분류법은 그림 6.6과 같이 A-1부터 A-7까지 7개의 그룹으로 분류한다.

A-1에서 A-3은 세립질의 함량이 35% 이하인 조립토로 분류하며, 세립질의 함량이 35% 이상인 경우에는 A-4에서 A-7까지의 그룹으로 분류한다. 분류 기준은 다음과 같다.

  a. 입자들의 크기 : 크기에 따른 입자들의 구분

    − 자갈 : 직경이 75mm 이하이며, #10체(2mm)를 통과하지 못하는 입자
    − 모래 : #10체를 통과하고 #200체(0.075mm)를 통과하지 못하는 입자
    − 실트와 점토 : #200체를 통과하는 입자

  b. 소성도 : 세립질의 소성지수가 10 이하인 경우 실트, 그리고 소성지수가 11 이상인 경우에는 점토로 분류

그림 6.7은 액성한계와 소성지수에 따라 A-2, 그리고 A-4〜A-7을 분류하는 기준을 나타낸다.

General classification	Granular materials (35% or less of total sample passing No. 200)						
	A-1		A-3	A-2			
Group classification	A-1-a	A-1-b	A-3	A-2-4	A-2-5	A-2-6	A-2-7
Sieve analysis (percentage passing)							
No. 10	50 max.						
No. 40	30 max.	50 max.	51 min.				
No. 200	15 max.	25 max.	10 max.	35 max.	35 max.	35 max.	35 max.
Characteristics of fraction passing No. 40							
Liquid limit				40 max.	41 min.	40 max.	41 min.
Plasticity index	6 max.		NP	10 max.	10 max.	11 min.	11 min.
Usual types of significant constituent materials	Stone fragments, gravel, and sand		Fine sand	Silty or clayey gravel and sand			
General subgrade rating	Excellent to good						

General classification	Silt-clay materials (more than 35% of total sample passing No. 200)			
Group classification	A-4	A-5	A-6	A-7 A-7-5[a] A-7-6[b]
Sieve analysis (percentage passing)				
No. 10				
No. 40				
No. 200	36 min.	36 min.	36 min.	36 min.
Characteristics of fraction passing No. 40				
Liquid limit	40 max.	41 min.	40 max.	41 min.
Plasticity index	10 max.	10 max.	11 min.	11 min.
Usual types of significant constituent materials	Silty soils		Clayey soils	
General subgrade rating	Fair to poor			

[a] For A-7-5, $PI \leq LL - 30$
[b] For A-7-6, $PI > LL - 30$

그림 6.6 AASHTO 분류 기준

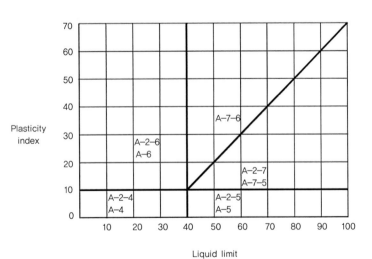

그림 6.7 AASHTO 분류 기준

2) 통일분류법(Unified Soil Classification System, USCS)

그림 6.8의 통일분류법(USCS)은 Casagrande에 따라 제안된 분류 방법이다. 200mesh 체를 통과하는 시료의 양을 기준으로 조립토와 세립토 및 유기질 흙으로 구분하고, 조립토는 4mesh를 기준으로 자갈과 모래로 세분된다. 세립토는 소성지수와 액성한계를 통해 다시 분류된다.

a. 조립토는 주로 자갈이나 모래로 이루어진 흙을 의미하며 #200체를 통과하는 세립질의 함량이 50% 이하이다. 자갈인 경우 G, 모래인 경우 S를 사용한다.

b. 세립토는 #200체를 통과하는 세립질의 함량이 50% 이상인 경우로, 무기질 실트의 경우 M, 무기질 점토의 경우 C, 그리고 유기질의 점토나 실트의 경우에는 O의 기호를 사용하여 나타낸다. 유기질 성분이 아주 높은 경우에는 Pt를 사용한다.

Major divisions			Group symbols	Typical mames
Coarse-Grained Soils More than 50% retained on No. 200 sieve[†]	Gravels 50% or more of coarse fraction retained on No. 4 sieve	Clean Gravels	GW	Well-graded gravels and gravel-sand mixtures, little or no fines
			GP	Poorly graded gravels and gravel-sand mixtures, little or no fines
		Gravels with Fines	GM	Silty gravels, gravel-sand-silt mixtures
			GC	Clayey gravels, gravel-sand-clay mixtures
	Sands More than 50% of coarse fraction passes No. 4 sieve	Clean sands	SW	Well-graded sands and gravelly sand, little or no fines
			SP	Poorly graded sands and gravelly sands, little or no fines
		Sands with Fines	SM	Silty sands, sand-silt mixtures
			SC	Clayey sands, sand-clay mixtures

		ML	Inorganic silts, very fine sands, rock flour, silty or clayey fine sands
Fine-Grained Soils 50% or more passes No. 200 sieve[†]	Silts and Clays Liquid limit 50% or less	CL	Inorganic clays of low to medium plasticity, gravelly clays, sandy clays, silty clays, lean clays
		OL	Organic silts and organic silty clays of low plasticity
	Silts and Clays Liquid limit greater than 50%	MH	Inorganic silts, micaceous or diatomaceous fine sands or silts, elastic silts
		CH	Inorganic clays of high plasticity, fat clays
		OH	Organic clays of medium to high plasticity
Highly Organic Soils		PT	Peat, muck, and other highly organic soils

*After ASTM(1982)

[†] Based on the material passing the 75mm(3in) sieve

그림 6.8 통일분류법에 따른 흙의 분류 기준

이외에도, 통일분류법에서 사용하는 기호들은 다음과 같다.

W : 입도분포가 양호한 흙(well-graded)

P : 입도분포가 불량한 흙(poorly-graded)

L : 소성도가 낮은 흙(액성한계는 50% 이하)

H : 소성도가 높은 흙(액성한계는 50% 이상)

조립토의 경우, GW, GP, GM, GC, SW, SP, SM, SC 등의 기호가 사용된다. 세립질의 함량이 5~12%인 경우에는 GW-GM, GP-GM, GW-GC, SP-SM 등의 중복 기호를 사용한다. 세립질 흙의 경우에는 그림 6.9의 소성도에 따라 분류를 적용하여 ML, CL, OL, MH, CH, OH 등의 기호를 사용한다.

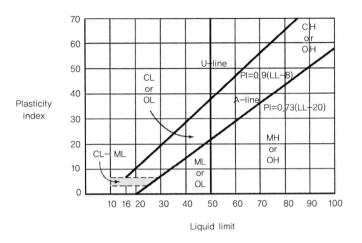

그림 6.9 세립토의 분류

6.1.6 흙의 다짐

흙의 단위중량은 지반의 강도 및 변형 특성에 큰 영향을 미친다. 다짐(compaction) 과정에서 지반에 가해진 다짐 에너지는 공극을 감소시킴으로써 흙 알갱이들을 조밀한 상태로 변화하여, 흙의 단위중량을 증가시킨다. 따라서 흙의 다짐도는 건조단위중량을 사용하여 나타낸다. 다짐 과정에 약간의 수분을 첨가하면, 수분은 흙 입자들 사이의 마찰력을 감소시키는 윤활제로서 작용하여 다짐효과를 높일 수 있다. 그러나 수분의 함량이 어느 정도 이상이 되면 오히려 흙의 건조단위중량이 감소하는 결과를 가져오는데, 이는 공극의 일정 부분을 차지하는 물입자들이 흙 입자들의 밀착을 방해하기 때문이다. 따라서 함수비에 따라 다짐에 따라 흙의 건조단위중량이 달라지는데, 최대 건조단위중량을 얻는 함수비를 최적 함수비(optimum moisture content, OMC)라고 한다.

표준 다짐시험에서는 여러 함수비 조건에서 실시한 결과에서 그림 6.10과 같은 다짐 곡선을 얻을 수 있으며, 이 다짐 곡선에서 최적 함수비와 최대 건조단위중량을 결정한다.

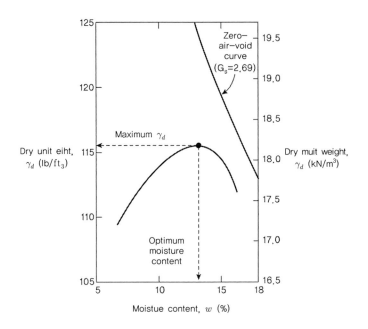

그림 6.10 다짐 곡선(Das, 2007)

그림 6.9(a)와 같이, 다짐 에너지의 크기에 따라 다짐 곡선의 위치가 달라지며, 일 반적으로 다짐 에너지가 증가할수록 최대 건조단위중량은 증가하고 최적 함수비 는 감소한다. 동일한 다짐 에너지를 적용하였을 때, 흙의 종류에 따라 다짐 특성이 달라진다. 일반적으로 세립질보다는 조립질의 흙이 다짐 특성이 우수하여, 최적 함수비는 낮아지고, 최대 단위중량은 증가한다. 그림 6.11(b)와 같이 조립질의 흙 에서는 입도분포가 양호한 흙이 다짐효과가 우수하고, 세립질의 흙에서는 소성도 가 작을수록 다짐 효과가 우수한 경향을 나타낸다.

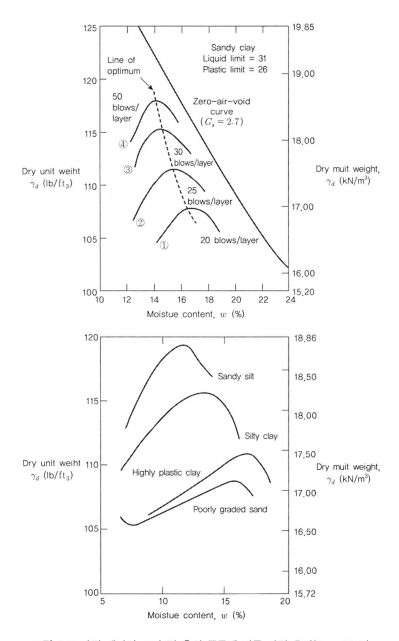

그림 6.11 다짐 에너지 크기 및 흙의 종류에 따른 다짐 효과(Das, 2007)

6.2 유효응력과 간극수압

6.2.1 유효응력

그림 6.10은 지하수로 포화된 흙을 나타내며, 물의 유동은 없는 것으로 가정한다. 하중의 일부는 공극을 채우고 있는 물(즉, 간극수)을 통해 지탱된다. 따라서 흙 입자들 사이에 실제로 작용하는 응력은 전응력(total stress, σ)보다 작으며, 이를 유효응력(effective stress, σ')이라고 한다. 그림 6.12(b)에서 흙 입자들 사이에 작용하는 하중의 크기를 P_1, P_2, …이라고 하면, 유효응력은 다음과 같다.

$$\sigma = \frac{P_{1,v} + P_{2,v} + P_{3,v} + \cdots + P_{n,v}}{\overline{A}} \tag{6.12}$$

위의 식에서 $P_{1,v}$, $P_{2,v}$, … 등은 각각 P_1, P_2, …의 수직 방향 성분을 나타낸다. 그림에서 입자들 사이의 접촉면들의 합을 a_s라고 하면(즉, $a_s = a_1 + a_2 + \cdots + a_n$), 간극수가 차지하는 단면적은 $\overline{A} - a_s$와 같다. 따라서 다음과 같이 나타낼 수 있다.

$$\sigma = \sigma' + \frac{u \cdot (\overline{A} - a_s)}{\overline{A}} = \sigma' + u \cdot (1 - a_s') \simeq \sigma' + u \tag{6.13}$$

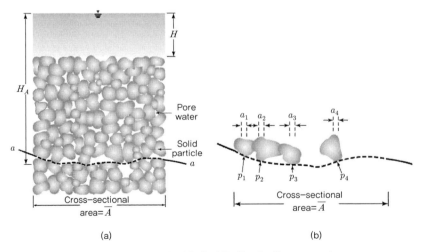

그림 6.12 포화된 지층에 작용하는 응력(Das, 2007)

위 식에서 $u = H_A \cdot \gamma_w$이며, A지점에서의 간극수압이다. 또한 $a_s{}'$는 전체 단면적에서 입자들 사이의 접촉면들의 합이 차지하는 비율이다. $a_s{}'$는 상대적으로 매우 작으므로 $\sigma = \sigma' + u$의 관계가 성립한다. 즉, 전응력은 유효응력과 간극수압의 합과 같다. 따라서 간극수압이 작용하는 경우, 입자들 사이에 실제로 작용하는 유효응력은 전응력보다 훨씬 작으며, 이러한 유효응력의 개념은 토질역학에서 매우 중요하다.

그림 6.10에서 수면으로부터의 깊이가 H인 지점에 작용하는 전응력은 수압의 크기와 같다. 따라서 유효응력은 0이 되며, 흙 알갱이들 사이에 실제로 작용하는 응력은 없다. 즉,

$$\sigma = u = \gamma_w \cdot H \;\Rightarrow\; \sigma' = \sigma - u = 0 \tag{6.14}$$

수면으로부터의 심도가 H_A인 지점 A에 작용하는 전응력(total stress, σ)는 물의 단위중량과 흙의 포화 단위중량에 따른 것으로, 다음 식으로 주어진다.

$$\sigma = H \cdot \gamma_w + (H_A - H) \cdot \gamma_{sat} \tag{6.15}$$

동일한 지점에서 수압의 크기는 $u = H_A \cdot \gamma_w$이다. 따라서 A지점에서의 유효응력은 다음과 같다.

$$\sigma' = \sigma - u = (H_A - H) \cdot (\gamma_{sat} - \gamma_w) = (H_A - H) \cdot \gamma' \tag{6.16}$$

위의 식에서 γ'를 수중 단위중량(submerged unit weight)이라고 한다. 즉, 유효응력의 크기는 A지점 상부의 흙의 수중 단위중량으로 계산된다.

6.2.2 침투압

그림 6.13은 수조 내에 물과 흙을 채운 것으로 물의 흐름, 즉 침투(seepage)가 없는 지반에서의 응력 조건들을 표현한다. 그림 6.13(b)는 전응력의 분포로, 물의 단위중량과 흙의 포화 단위중량으로 주어진다. 그림 6.13(c)는 간극수압의 분포로 수면 하부로 갈수록 선형으로 증가함을 나타낸다. 마지막으로 그림 6.13(d)는 유효응력의 분포를 나타낸다.

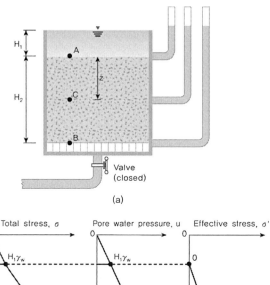

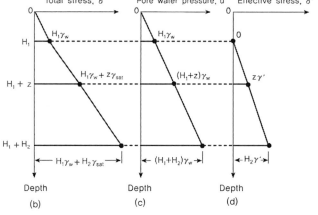

그림 6.13 침투가 없는 지반의 응력 분포(Das, 2007)

그림 6.14에서는 수조의 하부에서 상부로의 침투, 즉 상향류가 발생한다. 심도에 따라 전수두의 차이가 발생하며, 이는 piezometer 내의 물기둥의 높이로부터 알 수 있다. 흙의 두께를 H_2라 할 때, 흙의 하부와 상부의 전수두 차이는 h이다. 따라서 흙의 표면인 A지점을 기준으로 할 때, B지점의 전수두는 h, 그리고 심도 z인 지점 C에서의 전수두는 $(h/H_2) \cdot z$만큼 크다.

각 지점에서의 전응력, 간극수압, 그리고 유효응력의 분포는 각각 그림 6.14(b), 6.14(c), 6.14(d)와 같다. 그림 6.13과 비교할 때, 상향류가 발생하는 경우에는 유효응력이 $i \cdot z \cdot \gamma_w$만큼 감소함을 알 수 있다.

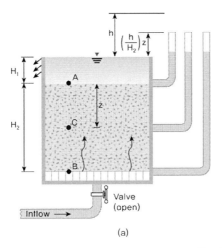

(a)

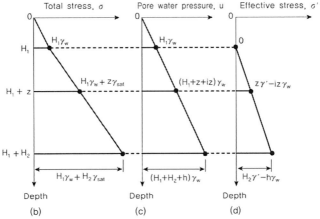

(b)   (c)   (d)

그림 6.14 상향류 조건의 응력 분포(Das, 2007)

물의 흐름, 즉 상향류나 하향류가 있는 경우에는 침투압(seepage force)이 작용하고, 이에 따라 심도 z에서의 유효응력이 $i \cdot z \cdot \gamma_w$만큼 증가하거나 감소한다. 그림 6.12에서, 흙의 단면적을 A라 하면, 침투압은 $iz\gamma_w \cdot A$로 정의된다. 침투압이 작용하는 흙의 두께는 z이며, 따라서 단위 체적 당 작용하는 침투압은 다음 식과 같다.

$$\frac{i \cdot z \cdot \gamma_w \cdot A}{z \cdot A} = i \cdot \gamma_w \tag{6.17}$$

특히 상향류가 발생하는 경우, 심도 z 에서의 유효응력은 다음과 같다.

$$\sigma' = z \cdot \gamma' - i \cdot z \cdot \gamma_w \tag{6.18}$$

위의 식에서, 수력구배 i에 따라 유효응력이 0으로 될 수 있으며, 이때의 수력구배를 한계동수경사(critical hydraulic gradient)라고 한다. 한계동수경사 i_{cr}은 다음과 같다.

$$i = \frac{\gamma'}{\gamma_w} \tag{6.19}$$

즉, 한계동수경사는 흙의 수중 단위중량과 물의 단위중량 사이의 비로 대부분의 흙은 0.9~1.1의 값을 갖는다. 한계동수경사가 작용하는 경우, 지중의 유효응력이 소멸되며, 흙 입자들은 지하수의 유동을 따라 움직인다. 이러한 현상을 분사(boiling), 혹은 quick condition이라고 한다. 즉, 분사현상은 지하수의 유동에 작용하는 수력구배가 한계동수경사보다 클 때 발생하며, 특히 사질토의 경우에 piping에 따라 쇄굴현상이 발생하기도 한다.

6.2.3 모관현상

그림 6.15(a)와 같이, 수조에 물을 채운 후 가는 유리관을 세워두면 관을 따라 물이 상승하게 된다. 이를 모관상승(capillary rise) 현상이라 부른다. 모관현상은 유리관의 표면에 부착된 물의 표면장력에 따른 것이다. 즉, 유리관 표면에서 물방울은 접착각(contact angle) α를 형성하며 단위 길이당 표면장력 T를 발휘한다. 이 표면장력으로 높이 h_c만큼의 물기둥을 끌어올려 놓는다.

상방향으로 작용하는 힘은 표면장력에 따른 것으로 관의 직경을 d라 할 때, 크기는 $T \cdot \pi d \cdot \cos\alpha$이다. 물기둥 무게에 따라 아랫방향으로 작용하는 힘의 크기는 $(1/4)\pi d^2 \cdot h_c \cdot \gamma_w$이다. 평형상태에서 두 힘은 같으므로, 다음의 식이 성립한다.

$$T \cdot \pi d \cdot \cos\alpha = (1/4)\pi d^2 \cdot h_c \cdot \gamma_w \Rightarrow h_c = \frac{4T \cdot \cos\alpha}{\gamma_w \cdot d} \tag{6.20}$$

즉, 모관상승 높이 h_c는 관의 직경에 반비례한다.

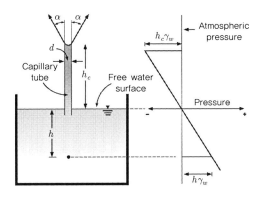

그림 6.15 모관상승 현상(Das, 2007)

그림 6.15(b)는 모관 내 간극수압의 분포를 나타낸다. 대기압이 작용하고 있는 수조의 수면을 기준면으로 하면, 위치수두는 0이며 압력수두도 0이 된다. 따라서 수면에서의 전수두는 0으로 가정할 수 있다. 모관상승 현상이 평형에 이르면 물은 유동 없이 정지상태로 유지되며, 이는 각 지점에서 전수두가 동일함을 의미한다. 즉, 모관 내 최상부에서의 전수두도 0이다. 그러나 모관 최상부의 위치수두는 수면을 기준면으로 할 때, $+h_c$의 크기를 가지며, 전수두가 0이 되기 위해서는 압력수두가 $-h_c$이어야 한다. 이 경우 간극수압은,

$$u = h_p \cdot \gamma_w = -h_c \cdot \gamma_w \tag{6.21}$$

따라서 모관 최상부에는 음(−)의 간극수압이 작용한다. 음의 간극수압은 모관을 따라 내려오면서 점차 감소하여 수면 위치에 이르면 모두 소멸되고, 다시 수심이 깊어짐에 따라 간극수압은 양의 값인 $h \cdot \gamma_w$로 증가한다. 모관현상에 따라 음의 간극수압이 형성되는 것은 매우 중요한 현상으로, 이에 따라 유효응력이 증가한다.

6.3 흙의 전단강도

6.3.1 Mohr−Coulomb 이론

흙 요소 내 임의의 면에 작용하는 전단응력은 해당 면에 나란한 방향으로 요소들

이 분리되어 미끄러지는(sliding) 전단파괴가 발생하며, 이에 저항하는 성분들이 작을수록 파괴가 쉽게 발생한다. 전단파괴에 대한 저항력을 흙의 강도라고 하며, 이러한 저항력을 구성하는 성분들로는 점착력(cohesion)과 마찰 저항력이 있다. 점착력이란 해당 면에서의 접착력과 유사하며, 마찰 저항력이란 해당 면에서 미끄러짐이 발생할 때, 이에 대한 저항을 나타낸다. 따라서 면의 거칠기, 혹은 내부 마찰각(friction angle)이 클수록 마찰 저항도 커진다. 또한, 해당 면에 작용하는 수직 응력이 클수록 마찰 저항력도 증가한다.

따라서, 흙의 전단파괴는 i) 요소 내 임의의 면에 작용하는 전단응력(τ)이 재료의 전단강도(τ_f)와 같을 때 발생하며, ii) 흙의 전단강도는 해당 면에 수직으로 작용하는 응력(σ)이 클수록 증가한다. 이를 Mohr-Coulomb의 전단파괴 이론이라고 한다. 이를 식으로 나타내면 다음과 같다.

$$\tau = \tau_f = c + \sigma \cdot \tan\phi \tag{6.22}$$

위의 식에서 c와 ϕ를 전단강도 지수(shear strength parameters)라 하며 각각 점착력과 내부 마찰각을 말한다. 사질토나 정규압밀된 점토(normally consolidated clay)의 경우에는 점착력이 무시된다(즉, $c \approx 0$).

위의 Mohr-Coulomb 파괴 이론은 그림 6.16(a)와 같이 $\sigma - \tau$ 좌표에서 직선의 형태로 주어지며, 이를 파괴 포락선이라고 한다. 이 파괴 포락선의 기울기는 내부 마찰각 ϕ와 같고, 전단응력 축과 교차하는 지점이 점착력을 나타낸다. 흙의 경우 인장력에 대한 저항, 즉 인장강도는 극히 낮다. 따라서 인장 영역($\sigma \leq 0$)에서 파괴 포락선은 정의되지 않는다. 그림 6.16(b)와 같이 압축응력 σ_1과 σ_3가 작용하는 흙의 요소에서, 응력이 증가할수록 Mohr circle의 크기가 커지며, 이 Mohr circle이 파괴 포락선과 접하는 순간 파괴가 발생한다. 흙 요소에 작용하는 응력성분을 나타내는 Mohr circle이 파괴 포락선에 접하지 않으면 파괴는 발생하지 않으며, 또한 Mohr circle이 파괴 포락선을 벗어날 수도 없다.

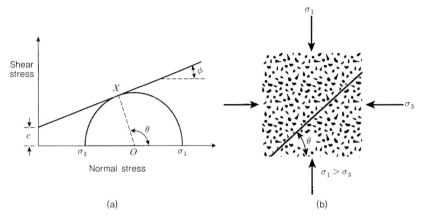

그림 6.16 흙의 파괴 포락선

그림 6.16에서, 최대 전단응력 τ_{max}는 수평면에서 반시계 방향으로 45° 기울어진 면에 작용한다. 그러나 이 면에서의 전단강도는 전단응력보다 크며 파괴가 발생하지 않는다. 파괴가 발생하는 면의 위치, 즉 파괴 포락선과 Mohr circle이 접하는 위치는 그림 6.16(a)의 X점이며, σ_1이 작용하는 수평면으로부터 반시계 방향으로 $\theta(=45°+\phi/2)$만큼 기울어져 있음을 나타낸다. 파괴가 발생하는 조건에서 σ_1과 σ_3 사이의 관계는 다음과 같다.

$$\sigma_1 = \sigma_3 \cdot \tan^2(45+\phi/2) + 2c \cdot \tan(45+\phi/2) \tag{6.23}$$

6.3.2 전단강도 측정

앞 절에서 설명한 바와 같이 흙의 전단강도는 수직응력의 크기에 따라 달라지며, 점착력과 내부 마찰각은 전단강도의 요소들로써 흙의 고유한 물성이다. 따라서 흙의 강도 측정은 이러한 전단강도 지수(shear strength parameters), 즉 점착력과 내부 마찰각을 구하기 위한 실험으로 직접전단시험과 삼축압축시험이 있다. 간극수의 영향에 따라 흙의 전단 특성이 달라지며, 유효응력을 적용하여 구한 전단강도 지수를 유효 전단강도 지수(effective shear strength parameters)라고 한다. 유효 전단강도 지수를 구하기 위해서는 시험 과정에서 발생하는 간극수압 값을 적용한다.

1) 직접전단시험

직접전단시험은 그림 6.17과 같이 시험편에 수직력(normal force)을 가한 상태에서 전단력(shear force)을 가하고, 단계별 수직응력과 파괴가 발생할 때의 최대 전단응력으로부터 전단강도 지수를 측정한다. 수직응력과 전단응력은 각각 시험편에 가해진 수직력과 전단력을 시험편의 단면적으로 나눈 값이다. 최대 전단응력과 함께, 전단응력의 변화에 따른 시험편의 수직변위와 수평변위(즉, 전단변위)도 기록한다.

시험편이 포화된 상태에서 시험을 진행하며, 특히 시험편의 상부와 하부에는 다공질 석판(porous stone)을 사용하여 시험편에서 배수가 충분히 발생할 수 있도록 매우 느린 속도로 전단력을 가한다. 배수가 허용되므로, 시험편 내부에는 간극수압이 발생하지 않기 때문에 측정된 강도 지수는 유효 전단강도 지수이다.

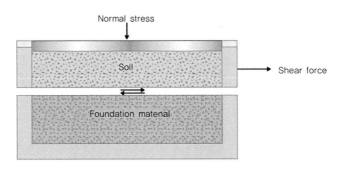

그림 6.17 직접전단시험

그림 6.18은 직접전단시험에서의 사질토의 전단강도와 변형 특성이다. 흙의 특성에 따라(조밀하거나, 또는 느슨한 모래) 변형 특성은 차이를 나타낸다. 정규압밀 점토(normally consolidated, NC-clay)의 경우에는 느슨한 모래와 변형 특성이 비슷하다. 과압밀 점토(overconsolidated, OC-clay)는 조밀한 모래와 유사한 변형 특성을 나타낸다.

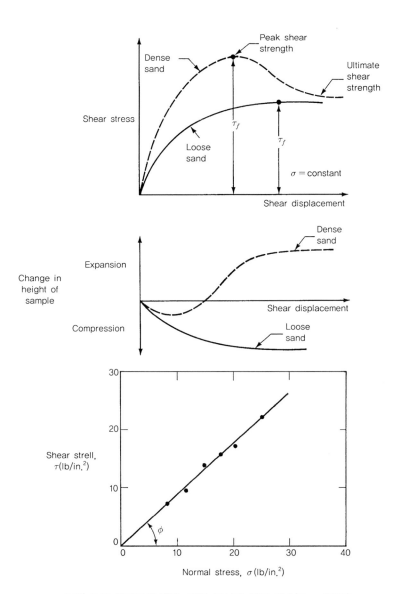

그림 6.18 사질토의 응력-변형 곡선과 강도 지수(Das, 2007)

2) 삼축압축시험

삼축압축시험에서는 시험편의 세 축 방향으로 σ_1, σ_2, σ_3를 가한다. 일반적으로 σ_2
와 σ_3가 동일하게 구속압력(또는 봉압, confining pressure)로 가해지며, 시험편의 파괴가 발생할 때의 σ_1과 $\sigma_3(=\sigma_2)$를 측정한다. 측정된 값으로부터 Mohr circle과 파괴 포락선을 작도하여 전단강도 지수들을 구한다.

흙의 삼축압축시험은 봉압, 즉 구속압력(confining pressure, σ_3)을 가하는 단계와 축차응력($\Delta\sigma_d$, 즉 $\sigma_1 - \sigma_3$)을 가하는 단계로 나눌 수 있다. 각 과정에서 배수(drainage)의 허용 여부에 따라 시험편 내부에 간극수압이 형성될 수 있으며, 각 단계에서의 간극수압의 크기는 각각 u_c와 Δu_d이다. 그림 6.19는 흙의 삼축압축시험 장치이며, 시료의 상단과 하단에 부착된 관은 배수관으로 시료 내의 간극수압의 변화를 측정하는 데 사용된다.

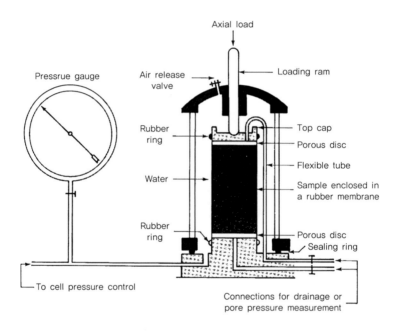

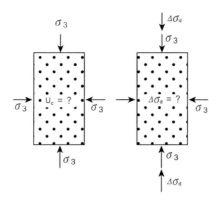

그림 6.19 흙의 삼축압축시험

압밀배수 시험(consolidated-drained, CD test)에서는 구속압력과 축차응력을 가하는 단계에서 모두 배수를 허용하므로, 과잉 간극수압은 형성되지 않으며, 하중에 따른 전응력은 모두 유효응력으로 작용한다.

구속압력을 가하는 단계에서 과잉 간극수압 $u_c = 0$이므로, 시험편에 가해진 구속압력 σ_{3c}은 모두 유효응력이 된다. 즉,

$$\sigma_{3c} = \sigma_{3c}' \, (\leftarrow u = 0) \tag{6.24}$$

축차응력 $\Delta\sigma_d$가 가해짐에 따라 최대 주응력이 증가하여 시험편의 파괴가 발생하게 된다. 구속압력을 가하는 단계와 마찬가지로 축차응력을 가할 때도 배수가 허용되므로, $\Delta u_d = 0$이고, $\Delta\sigma_d = \Delta\sigma_d'$이다. 따라서 시험편의 파괴가 발생하는 순간의 주응력들을 각각 σ_{1f}, σ_{3f}라고 하면 다음의 관계가 성립한다.

$$\sigma_{1f} = \sigma_{1f}' = \sigma_{3f} + \Delta\sigma_d, \; \sigma_{3f} = \sigma_{3f}' = \sigma_{3c} \tag{6.25}$$

흙 시료의 삼축압축시험 파괴에서는 3개의 시료에 각각 구속압력을 다르게 하여 실험을 진행하고, 파괴가 발생한 순간의 σ_{1f}와 σ_{3f}를 사용하여 그림 6.20과 같은 Mohr circle을 작도한다.

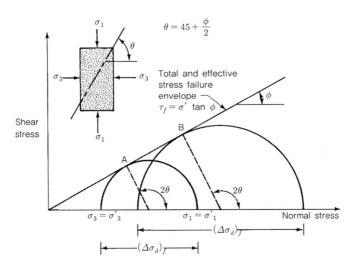

그림 6.20 압밀배수 시험(CD-test)

그림과 같이 σ_{3f}가 증가함에 따라 $\Delta\sigma_d$가 증가하면 Mohr circle의 크기도 증가한다. 압밀배수 시험에서 측정되는 강도 지수는 유효 전단강도 지수 c' 와 ϕ' 이다.

압밀비배수 시험(consolidated-undrained, CU test)에서는 구속압력을 가하는 단계에서 배수를 허용하므로 시험편의 압밀이 일어나고 과잉 간극수압은 형성되지 않는다(즉, $u_c = 0 \rightarrow \sigma_{3c} = \sigma_{3c}'$). 그러나 축차응력을 가하는 단계에서는 배수를 허용하지 않으므로 하중의 일부는 간극수압 형성으로 이어지고, 유효응력은 전응력보다 작다. 이 단계에서 형성된 과잉 간극수압을 Δu_d라고 하면,

$$\sigma_{1f} = \sigma_{3f} + \Delta\sigma_d$$
$$\sigma_{1f}' = \sigma_{1f} - \Delta u_d, \ \sigma_{3f}' = \sigma_{3f} - \Delta u_d \tag{6.26}$$

위의 식에서 $(\sigma_1 - \sigma_3)_f = (\sigma_1 - \sigma_3)_f$임을 확인할 수 있다. 즉, 그림 6.21과 같이 유효응력에 따른 Mohr circle과 전응력을 사용한 Mohr circle은 크기가 같음을 의미한다. 또한 유효응력을 사용한 Mohr circle이 Δu_d만큼 좌측으로 이동하여 위치한다. 동일한 시료 A와 B를 사용하여 서로 다른 구속압력으로 압밀한 후 축차응력을 가하면 그림과 같이 서로 다른 크기의 Mohr circle이 작도되고, 이 Mohr circle에 접하는 파괴 포락선에서 전단강도 지수들을 구할 수 있다. 전응력으로 그린 Mohr circle(A와 B)에서 c와 ϕ을 구하고, 유효응력에 따라 Mohr circle(C와 D)에서 c'와 ϕ'을 구할 수 있다.

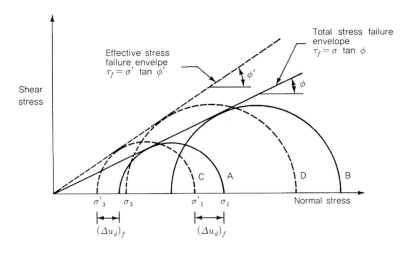

그림 6.21 압밀비배수 시험(CU-test)

1. 그림 6.22와 같은 응력상태에 있는 요소가 있다.

① Mohr circle을 작도하고 pole(극점)의 위치를 표시하라.

② 수평면에 대하여 30° 기울어진 평면에 작용하는 응력성분들을 Mohr circle과 삼각함수 등을 사용하여 구하라.

③ 위의 ②를 공식에 의해 계산하고, Mohr circle에 의한 계산결과와 비교하여라.

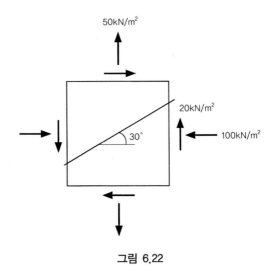

그림 6.22

2. Sand를 사용한 CD test에서 $\sigma_{3c}' = \sigma_{3f}' = 500\text{kPa}$이고, 파괴 순간의 최대 전단응력 τ_{max}은 660kPa이다. σ_{1f}', $(\sigma_1 - \sigma_3)_f$, 그리고 ϕ'를 구하라.

3. 위의 문제에서, 실험이 비배수 상태로 진행되고(즉, CU test), 파괴 순간의 간극수압 Δu_f이 100kPa이라면, $(\sigma_1 - \sigma_3)_f$, ϕ', ϕ 및 파괴면의 각은 얼마인가?

07 암석의 공학적 특성

07 암석의 공학적 특성

지 · 질 · 공 · 학

암반은 암석과 여러 불연속면들로 구성되어 있다. 암반의 공학적인 특성을 평가하기 위해서는 무결암의 특성과 불연속면의 특성을 개별적으로 평가하여 종합한다. 이 장에서는 무결암의 공학적 특성, 즉 암석의 지질학적, 역학적, 수리학적 특성에 대하여 알아본다.

7.1 암석과 암반

암석이란 불연속면과 같은 결함을 포함하지 않은 신선한 암석으로 무결암(intact rock), 또는 신선암(fresh rock) 등의 용어를 사용한다. 반면에 암반(rockmass)이란 무결암과 여러 가지 불연속면들의 복합체를 말한다. 암반의 공학적 특성은 일반적으로 암석의 물성과는 많은 차이가 나며, 불연속면의 분포나 특성에 크게 좌우된다. 특히 일정한 방향으로 발달한 불연속면들이 분포하는 경우에는 역학적인 특성의 이방성이 나타난다. 반면에 다수의 불연속면이 불규칙적으로 분포하는 경우에는 이방성의 영향은 오히려 감소한다.

암반에 형성된 응력은 기원에 따라 크게 자연응력과 인위응력으로 나눌 수 있다. 자연응력(natural stress)이란 자연 상태의 암반에 형성된 응력을 말한다. 여기에는 암반의 자중에 따른 응력(gravitational stress), 조산운동 등에 따른 응력(tectonic stress), 잔류응력, 열응력(thermal stress) 등이 있다. 인위응력(induced stress)이란 굴착공사 등에 따라서 기존의 자연응력 상태가 변화함에 따라 새로 형성된 응력상 태를 말한다.

7.2 암석의 지질학적 특성

7.2.1 암석의 지질학적 기재

암석의 지질학적인 특성은 암석을 구성하는 광물의 종류와 성인, 그리고 불연속면 등에 의한 지질구조적 특성을 의미한다.

1) 지층의 연령(geologic time)

일반적으로 비슷한 암종의 경우, 연령이 오래된 지층일수록 강도와 강성(stiffness) 이 높고 공극률은 낮다. 그러나 암반 내 응력의 변화가 크고, 특히 변성작용에 수 반된 파쇄대의 존재로 인하여 지역에 따라 높은 투수율이 나타난다.

2) 입자의 크기

광물입자에 포함된 여러 미세균열(microcrack)들은 외력의 변화에 따라 점차 성장 하여 암석의 파괴를 유발한다. 입자의 크기가 작을수록 미세균열의 분포 가능성이 낮아지므로 비슷한 암종에서는 입자 크기가 작은 암석의 강도가 높다.

3) 이방성

입자들의 배열상태나 조직에 따라 암석의 강도나 변형 특성, 풍화에 대한 내구성 등이 달라진다. 암석의 이방성은 주로 변성암(엽리, 편리)이나 퇴적암(층리)에서 흔히 나타나고, 심성암의 경우에도 상부지압의 감소에 따른 이완균열(relaxation microcrack)의 분포로 발생할 수 있다.

4) 입자들의 결합상태

용융상태의 마그마에서 결정화 작용(crystallization)에 따라 형성되는 화성암의 광물입자들은 서로 불규칙하게 맞물려 결합하므로, 입자들 사이의 결합력에 따른 인장강도나 압축강도가 높다. 쇄설성 퇴적암은 고결물(cement)에 따른 입자들의 결합력이 낮고, 특히 고결물의 종류에 따라 강도의 차이가 크다. 결정질 퇴적암은 비교적 높은 결합력을 나타낸다.

5) 광물조성

화성암을 이루는 조암광물들의 안정성은 일반적으로 Bowen 반응계열에 나타난 생성 순서에 따라 차이를 보인다. 즉, 반응계열의 상부에 위치하는 감람석이나 Ca-사장석은 온도나 압력의 변화에 대한 안정성이 낮아서 쉽게 풍화되어 점토광물로 변하지만, 석영은 풍화에 대한 내구성이 매우 높다. 표 7.1은 특히 주의해야 할 광물들의 예이다.

표 7.1 공학적 문제를 일으킬 수 있는 광물의 예

공학적 문제	광물의 예
높은 용해도	Calcite, dolomite, gypsum, anhydrite, salts, zeolites
낮은 풍화 내구성	Marcasite, pyrrhotite
낮은 마찰저항력	Clays, talc, chlorite, micas, serpentine, graphite
높은 팽창성	Smectite, anhydrite, vermiculite

7.2.2 암종에 따른 공학적 특성

1) 화성암

화산암은 용암류(lava flow)에 포함된 휘발성분에 따른 기공(vug, amygdules)들의 분포가 특징적이며, 역학적, 수리학적 이방성을 나타낸다. 지하 심부에 존재하는 심성암은 치밀하고 내구성이 높으며 공극률은 2% 이내로 낮다. 용융상태의 마그마로부터 형성되므로 비교적 균질하고 등방성을 나타내는 경우가 많다. 그러나 열극(fissure)을 따라 유동하는 지하수나 열수용액으로 인한 부분적인 변질, 또는 풍화가 일어날 수 있으며, 온도변화와 열응력의 변화로 형성된 크고 작은 균열들을 포함하기도 한다. 융기와 침식작용에 따라 지표 근처에 분포하는 심성암에는 지압의 감소에 의해 생성된 이완균열들이 지표면과 나란한 방향으로 배열되어 판상절리(sheet joint)를 형성하는 경우도 있다.

2) 변성암

변성암은 기존의 암석이 높은 열과 압력으로 변질되어 형성된 암석으로 일반적으로 낮은 공극률이 나타나지만, 국지적으로 파쇄대의 분포에 따라 높은 투수율이 나타나기도 한다. 변성암으로 이루어진 암반에는 흔히 습곡이나 단층이 분포하고 다양한 형태의 균열들을 포함한다. 편암이나 천매암, 점판암 등은 흔히 이방성을 나타내지만, 열에 의한 변성암(hornfels나 quartzite)들은 이방성의 영향이 비교적 적다. 편마암의 경우는 편마 구조를 따라 불균질한 풍화대가 형성되기 쉽다.

3) 퇴적암

퇴적암의 층리는 암석의 이방성을 유발하는 중요한 요인으로 암반의 불연속면으로 작용한다. 사암은 일차공극률(primary porosity)과 투수율이 높고 다른 퇴적암에 비해 비교적 강도가 크다. 그러나 고결물질(quartz, gypsum, 또는 calcite)의 종류에 따라 강도의 차이가 심하다. 점토질의 셰일이나 이암(mudstone)은 수분의 함유 여부에 따라 공학적 특성이 큰 차이가 나타나며, 풍화 내구성(slake durability)이나 수분에 따른 팽창성(swelling potential)이 고려되어야 한다. 결정질 퇴적암 중 석회암이나 백운암은 탄산을 포함하는 지하수에 의해 용해되기 쉽다. 해수 증발로 형성되는 증발암(gypsum, rock salt)은 물을 통한 용해도가 크고, 반복되는 탈수작용(dehydration)과 수화작용(hydration)으로 발생하는 부피팽창을 통해 균열이 형성될 수 있다.

7.2.3 암석의 풍화

지표면의 형태는 기후조건이나 조륙운동, 또는 조산운동 등의 영향으로 끊임없이 변화한다.

1) 풍화와 침식

풍화(weathering) 및 침식(erosion)은 기온의 변화나 강우, 바람, 또는 빙하의 영향 등으로 신선한 암석이 점차적으로 약화되는 현상을 말한다. 풍화나 침식을 일으키는 요인에는 물리적 분리(physical disintegration), 화학적 분해(chemical decomposition), 그리고 유기물에 따른 생물학적 작용 등을 들 수 있다. 신선한 암석이 오랜 기간 동안 풍화되면 토사(residual soil)가 된다. 따라서 흙이란 '풍화가 완전히 진행된 암석', 또는 '암석의 풍화잔류물'로 정의할 수 있다. 풍화된 암석들은 원래의 위치에 남아 있기도 하지만, 바람이나 물, 혹은 중력의 영향으로 다른 지역으로 이동한 후 퇴적되는 것이 보통이다. 침식작용은 암석의 풍화와 풍화물질의 이동을 포함한다. 지표면, 또는 노출된 면으로부터의 거리가 멀어질수록 풍화의 정도(degree of weathering)는 감소한다.

2) 풍화의 종류

풍화의 종류는 풍화작용을 일으킨 외부 영향의 형태에 따라 크게 물리적, 화학적, 생물학적, 또는 유기적 풍화 등으로 구분된다. 풍화의 종류나 속도를 결정하는 가장 중요한 요인으로는 기후를 들 수 있다. 즉, 다습한 지역에서는 화학적, 생물학적인 풍화가 우세하고 기후의 변화가 매우 심한 지역에서는 수분의 동결·융해, 또는 광물입자들 사이의 열팽창성의 차이 등을 통한 물리적 풍화가 우세하게 나타난다. 다습한 지역에서의 풍화의 속도는 주로 기온 및 강우량, 그리고 유기물의 분포 등에 영향을 받는다. 특히 기온이 10℃ 증가함에 따라 풍화의 속도는 두 배 이상 증가할 수 있다. 또한 토양이나 암반 중의 수분은 유기물질의 분해로 발생되는 이산화탄소와 결합하여 화학적 풍화를 일으키는 중요한 요인이 된다.

물리적(physical), 또는 기계적 풍화(mechanical weathering)는 주로 암반 중의 수

분의 동결(freezing) 및 융해(thawing)로 인해 일어난다. 절리나 공극 내에 존재하던 수분의 동결로 부피팽창은 대략 9%에 달하며, 이에 따라 암석이 깨지거나 점차적으로 약화된다. 따라서 물리적 풍화를 좌우하는 요소들로는 암석의 공극률이나 공극의 크기, 포화도(degree of saturation) 등을 들 수 있다. 일반적으로 암석을 구성하는 광물입자들의 크기가 클수록, 그리고 공극의 크기가 클수록 동결융해에 따른 풍화에 저항성이 크다. 물리적 풍화는 암석의 열전도율이나 입자들 사이의 열팽창도의 차이로 일어나기도 한다. 즉, 열전도율이 낮은 암석들은 온도변화에 따라 표면과 내부의 팽창성에 차이가 나타난다. 따라서 강우량이 낮은 사막지대에서도 일교차로 인한 암석의 표면이 점차적으로 마모되는 현상이 나타난다.

화학적 풍화는 광물입자들의 화학적인 변질이나 암석의 용해(solution)를 말한다. 화학적 변질은 광물의 산화(oxidation), 수화(hydration), 가수분해(hydrolysis) 등이 수반되며, 암석의 용해는 주로 암반 중의 산성수나 염기성수에 의해 좌우된다. 화학적 풍화에 가장 중요한 요인은 물이며, 지하수나 지표수에 포함되어 있는 자유산소(free oxygen), 이산화탄소, 유기산(organic acid), 및 질산 등은 광물의 화학성분들과 결합하여 새로운 물질을 생성한다.

3) 풍화의 속도

암석이 풍화되는 속도는 외부적인 환경요인들뿐만 아니라 암석의 내구성(durability)에 의해서도 영향을 받는다. 풍화에 대한 암석의 내구성은 주로 광물학적 조성이나 조직, 공극의 분포, 또는 암반 중의 불연속면들의 분포 등에 의해서 결정된다. 고온·고압 하에서 형성된 염기성 광물들은 저온에서 형성된 산성 광물들에 비해, 그리고 조립질의 광물들은 세립질의 광물들에 비해 일반적으로 풍화에 대한 저항성이 낮다. 또한 화성암 등이 나타나는 입자간의 치밀한 결합이, 퇴적암에서 볼 수 있는 고결물의 접합인 경우에 비해 풍화에 대한 저항이 크다. 암석 중의 공극이나 불연속면들은 유체의 이동통로가 되어 물리적인 분리나 화학적 분해 작용을 일으키는 요인이 된다.

4) 풍화 내구성의 측정

동결 융해 시험(freezing and thawing test)은 물리적 풍화에 대한 내구성을 측정하는 것으로써 시험편에 상온과 영하의 온도를 반복하여 가한 후, 압축강도나 기타 물성의 변화를 측정한다. 동결 및 융해가 반복됨에 따라 흙이나 암석은 공학적인 물성의 저하가 일어나는데, 동결에 따른 수분의 팽창으로 발생한 균열들에 따른 것이다. 특히, 흙의 경우에는 지하수면으로부터 모세관압에 의하여 지표면 근처까지 상승한 수분이 동결되면서 비롯된 부피 팽창에 따라 기초의 융기가 일어난다.

비화(Slaking)는 침수와 건조가 반복됨에 따라 암석의 표면부터 얇게 벗겨져 나가는 현상을 말한다. 비화에 대한 저항성(slaking durability)은 원통형의 철망에 시험편(약 40g의 암석조각들 10개 정도)을 넣고 침수시킨 후 분당 200회의 속도로 10분간 회전시킨 후, 오븐에서 건조한 후의 무게와 시험편의 원래 무게의 비를 백분율로 나타낸다.

$$I_d = \frac{(\text{dry wt. retained})}{(\in ial\ dry\ wt.)} \times 100(\%)$$

7.3 암석의 역학적 특성

일반적으로 단단한 화성암이나 변성암은 취성변형의 특성을 나타내며, 최대 하중이 도달한 순간 시험편의 파괴와 함께 급격한 응력감소가 일어난다. 퇴적암은 연성변형을 보이는 경우가 많으며, 특히 증발암(예, 암염)은 점탄성(viscoelastic)이나 시간의존성(time-dependent) 거동이 특징이다.

7.3.1 암석의 강도

Coulomb의 암석파괴이론은 암석 내부에 형성되는 최대 전단응력이 일정한 수준에 이르면 파괴가 일어나는 것으로 설명한다. 이 최대 전단응력을 암석의 전단강도로 정의한다. 그림 7.1과 같이, 최대 주응력과 최소 주응력이 작용하고 있는 요소에서, 수평면에서 θ만큼 기울어진 평면에 작용하는 수직응력(σ_n)과 전단응력

(τ_n)은 각각 다음과 같다.

$$\sigma_n = \left(\frac{\sigma_1 + \sigma_3}{2}\right) + \left(\frac{\sigma_1 - \sigma_3}{2}\right) \cdot \cos 2\theta$$

$$\tau_n = \left(\frac{\sigma_1 - \sigma_3}{2}\right) \cdot \sin 2\theta$$

(7.1)

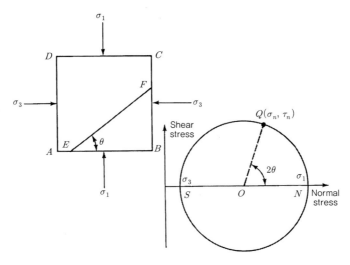

그림 7.1 주응력이 작용하는 요소

Coulomb의 파괴 이론의 최대 전단응력은 항상 2θ가 $90°$인 면에서 형성된다. 또한 최대 및 최소 주응력의 차이가 최대 전단강도의 2배에 해당될 때 파괴가 일어난다. 즉, 파괴면의 기울기는 항상 $45°$이며, 인장강도(S_t)나 일축압축강도(UCS, S_c)가 같다. 이것은 실제 실험 결과와는 일치하지 않는다.

Coulomb-Navier-Mohr의 파괴 이론에서는 수직응력의 영향을 고려하였으며, 가상의 파괴면에 형성되는 전단응력은 다음과 같다.

$$\tau = c + \sigma \cdot \mu = c + \sigma \cdot \tan\phi$$

(7.2)

식 (7.2)에서 c는 점착력(cohesion), 또는 수직응력이 0일 때의 전단강도를 나타낸다. μ는 내부 마찰 지수(coefficient of internal friction), 그리고 ϕ는 내부 마찰각

(angle of internal friction)이라고 한다. 이 이론에 따르면, 파괴면은 그림 7.2와 같이 최대 주응력 평면에서 $45° + \phi/2$만큼 기울어진 평면이 되며 이 평면에 작용하는 전단응력은 최대 전단응력보다 작다.

$\tan 2\theta = -1/\tan\phi = -1/\mu$이므로 식 (7.1)과 (7.2)에서 파괴가 일어나기 위한 조건은 다음과 같다. 즉, $c = \tau - \sigma\tan\phi$로부터,

$$2c = (\sigma_1 - \sigma_3)(\mu^2 + 1)^{1/2} - (\sigma_1 + \sigma_3)\mu \tag{7.3}$$

$$= \sigma_1 \cdot \{-\mu + (\mu^2 + 1)^{1/2}\} - \sigma_3 \cdot \{\mu + (\mu^2 + 1)^{1/2}\}$$

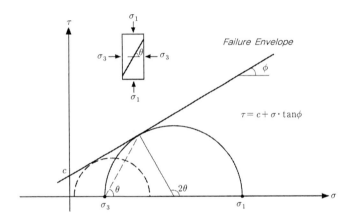

그림 7.2 Coulomb–Navier–Mohr의 이론에 의한 파괴 조건

식 (7.3)에서 일축압축강도(S_c)와 인장강도(S_t)는 각각 다음 식과 같다.

$$S_c = \frac{2c}{[(\mu^2 + 1)^{1/2} - \mu]} \quad (\sigma_1 = S_c, \ \sigma_3 = 0)$$
$$\tag{7.4}$$
$$S_t = \frac{2c}{[(\mu^2 + 1)^{1/2} + \mu]} \quad (\sigma_1 = 0, \ \sigma_3 = -S_t)$$

따라서 식 (7.3)은 다음과 같이 나타낼 수 있다.

$$\sigma_1 = S_c + \frac{S_c}{S_t} \cdot \sigma_3 \tag{7.5}$$

Coulomb-Navier-Mohr의 파괴 이론은 그림 7.2, 또는 식 (7.2)와 같이 전단응력과 수직응력 사이의 선형관계식이나 식 (7.5)에 나타난 것과 같이 최대 및 최소 주응력 사이의 선형관계식으로 주어진다. 이 이론은 그림 7.3과 같이 실제 실험 결과와 대체로 부합하므로, 토질역학이나 암석역학 분야에서 적용되고 있다. 이 이론에서는 σ_2의 영향은 고려되지 않으며, 실제 실험 자료에 따르면 σ_2의 영향은 σ_1이나 σ_3의 영향에 비해 매우 작다.

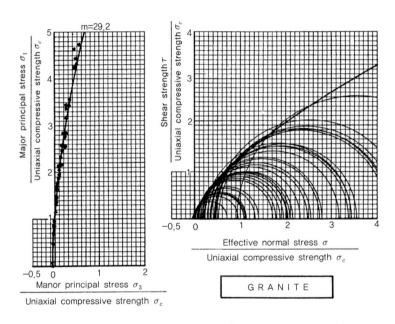

그림 7.3 암석의 삼축압축실험 자료(Hoek & Brown, 1980)

Hoek와 Brown(1980)은 무결암들의 삼축압축실험 자료들을 분석하여, 다음과 같은 실험식을 제시한 바 있다.

$$\sigma_1 = \sigma_3 + \sigma_c \left(m_i \frac{\sigma_3}{\sigma_c} + 1 \right)^{1/2} \tag{7.6}$$

위 식에서 σ_c는 무결암의 일축압축강도이며, m_i는 암석의 종류에 따라 결정되는 상수이다. σ_c와 m_i는 시료들에 대한 압축 시험 결과 얻은 자료들을 분석하여 결정해야 한다. 실험이 어려운 경우에는 표 7.2와 7.3과 같이 육안판별로 σ_c와 m_i를 추정할 수도 있다.

표 7.2 암석의 종류에 따른 일축압축강도의 범위(Hoek, 1994)

Term	Uni. Comp. Strength(MPa)	Field Estimate	Examples
Extremely strong	> 250	Rock material only chipped under repeated hammer blows, rings when struck.	*Fresh basalt, chert, diabase, gneiss, granite, quartzite*
Very strong	100 ~ 250	Requires many blows of a geologic hammer to break intact rock specimens	*Amphibolite, sandstone, basalt, gabbro, gneiss, granodiorite, limestone, marble, rhyolite, tuff*
Strong	50 ~ 100	Hand held specimens broken by a single blow of geologic hammer	*Limestone, marble, phyllite, sandstone, schist, siltstone*
Medium strong	25 ~ 50	Firm blow with geologic pick indents rock to 5mm, knife just scrapes surface	*Claystone, coal, concrete, schist, shale, siltstone*
Weak	5 ~ 25	Knife cuts material but too hard to shape into triaxial specimens	*Chalk, rocksalt, potash*
Very weak	1 ~ 5	Material crumbles under firm blows of geologic pick, can be shaped with knife	*Highly weathered or altered rocks*
Extremely weak	0.25 ~ 1	Indented by thumbnails	*Clay gouge*

표 7.3 암석의 종류에 따른 m_i3의 추정값(Hoek, 1994)

Rock Type	Class	Group	Texture			
			Coarse	Medium	Fine	Very fine
Sedimentary	Clastic		*Conglomerate* (22)	*Sandstone* 19	*Siltstone* 9	*Claystone* 4
			← *Graywacke* → (18)			
	Non-Clastic	Organic	← *Chalk* → 7			
			← *Coal* → (8-21)			
		Carbonate	*Breccia* (20)	*Sparitic Limestone* (10)	*Micritic Limestone* 8	
		Chemical		*Gypstone* 16	*Anhydrite* 13	
Metamorphic	Non-foliated		*Marble* 9	*Hornfels* (19)	*Quartzite* 24	
	Slightly foliated		*Migmatite* (30)	*Amphibolite* 31	*Mylonite* (6)	
	Foliated		*Gneiss* 33	*Schists* (10)	*Phylites* (10)	*Slate* 9
Igneous	Light		*Granite* 33		*Rhyolite* (16)	*Obsidian* (19)
			Granodiorite (30)		*Dacite* (17)	
			Diorite (28)		*Andesite* 19	
			Gabbro 27	*Dolerite* (19)	*Basalt* (17)	
	Dark		*Norite* 22			
	Exclusive, pyroclastic type		*Agglomerate* (20)	*Breccia* (18)	*Tuff* (15)	

7.3.2 물성 관련 지수

물성(physical property)은 재료의 거동을 정량적으로 나타내는 것으로써, 측정방법의 차이와는 무관하게 항상 일정한 값으로 주어진다. 예를 들어, 암석 시험편의 밀도나 강도 등은 물성으로 정의될 수 있다. 물성 관련 지수(index properties)는 암석의 물성과 직접적으로 연관되는 지수들을 의미한다. 즉, 아터버그 한계나 점3

하중 지수, 경도 등은 암석의 강도와 관련된 지수들로, 여러 실험식이나 경험식을 적용하여 암석의 강도를 추정할 수 있다. 이러한 지수들은 시험방법의 차이에 따라 결과가 크게 달라지므로 표준 시험방법을 따라 측정되어야 한다.

점하중재하 시험은 비정형 시험편의 압축 강도를 추정하기 위한 시험으로 제안되었으며, 실험이 간편하여 현장 적용성이 높은 편이다. 그림 7.4와 같은 비정형, 또는 정형의 시험편에 점하중을 가하여 시험편의 파괴가 일어나는 최대 하중(P)과 하중 점 사이의 간격(D)에서 점하중 지수 I_s를 구한다($I_s = P/D^2$).

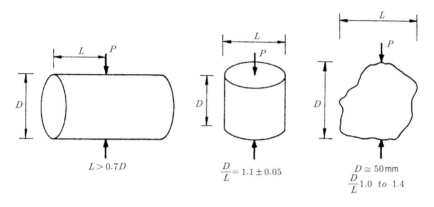

그림 7.4 점하중재하 시험편 형상

점하중재하 실험의 결과는 시험편의 크기에 따라 차이를 나타낸다. 따라서, 하중점 사이의 간격이 50mm를 기준으로 크기에 대한 보정을 한 값을 $I_{s,50}$ 라고 하며, 화강 암질 암석의 경우 일축압축강도와 점하중 지수 사이의 관계식은 다음과 같다.

$$UCS = 24 \cdot I_{s,50} \qquad\qquad (7.7)$$

경도(hardness)는 충격에 대한 암석의 저항을 의미하며 Schmidt hammer를 사용하여 측정한 반발계수(rebound number)는 암석의 일축압축강도와 관련된다(그림 7.5). 이 외에도, Vickers test나 쇼어 경도계(Shore scleroscope) 등이 암석의 경도를 측정하는 데 사용된다. 암석의 경도(hardness)는 보통 대부분의 암석, 특히 점토질 암석의 경우에는 함수도의 변화에 따라 경도가 크게 달라질 수 있다. 그러므로 암석의 경도를 측정할 때에는 slake durability에 대한 자료가 첨가되는 것이 바람직하다. 암석의 쇼어 경도와 탄성계수(Young's modulus) 사이에는 다음과 같은 실험식이 제시되어 있다.

$$E = 1.07 \times \frac{h}{154 - h} \times 10^6 (\text{kgf/cm}^2)$$

(7.8)

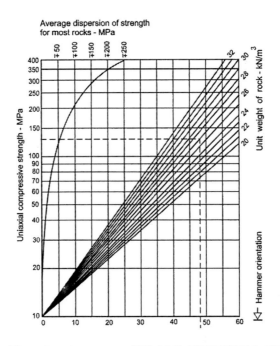

그림 7.5 Schmidt hammer 반발계수와 압축강도(ISRM, 1981)

7.3.3 암석의 등급

표 7.4는 암석의 건조밀도와 공극률을 기준으로 한 암석의 5가지 등급이다. 암석의 강도와 변형률은 실험실에서 시추 코어에 대한 실험을 통하여 얻는다. 그러나 현장에서의 간단한 조사를 통하여 암석의 일축압축강도를 대략적으로 예측할 수 있으며, 표 7.5, 표 7.6은 각각 일축압축강도 및 변형계수에 따른 암석의 등급을 나타낸다.

표 7.4 건조밀도와 공극률의 정성적인 기재와 암석의 등급

Class	Dry Density(ton/m³)	Description	Porosity(%)	Description
1	<1.80	Very low	>30	Very high
2	1.80 ~ 2.20	Low	30 ~ 15	High
3	2.20 ~ 2.55	Moderate	15 ~ 5	Medium
4	2.55 ~ 2.75	High	5 ~ 1	Low
5	>2.75	Very high	<1	Very low

표 7.5 일축압축강도에 기준한 암석의 등급

Description	UCS(approx.) (MPa)	Field Estimation
Very strong	>100	Very hard rock – More than one blow of geological hammer required to break specimen
Strong	50 ~ 100	Hard rock – Hand-held specimen can be broken with a single blow of hammer
Moderately strong	12.5 ~ 50	Soft rock – 5mm indentations with sharp end of pick
Moderately weak	5.0 ~ 12.5	Too hard to cut by hand
Weak	1.25 ~ 5.0	Very soft rock – Material crumbles under firm blows with the sharp end of a geological hammer

표 7.6 변형계수를 기준한 암석의 등급

Class	Deformability(MPa×10³)	Description
1	<5	Very high
2	5 ~ 15	High
3	15 ~ 30	Moderate
4	30 ~ 60	Low
5	>60	Very low

표 7.7은 암종에 따른 내압강도 및 탄성파 속도를 기준으로 한 암석의 등급을 나타낸 것으로 국내 건설현장에서 일반적으로 적용하는 분류 방법이다.

표 7.7 암종별 탄성파 속도 및 내압강도

암종		극경암	경암	보통암	연암	풍화암
암편내압강도 (kgf/cm²)	A	1,600 이상	1,300 ~ 1,600	1,000 ~ 1,300	700 ~ 1,000	300 ~ 700
	B		800 이상	500 ~ 800	200 ~ 500	100 ~ 200
암편의 탄성파 속도 (m/sec)	A	≥ 5,800	4,700 ~ 5,800	3,700 ~ 4,700	2,700 ~ 3,700	2,000 ~ 2,700
	B		≥ 5,700	4,300 ~ 5,700	3,000 ~ 4,300	2,500 ~ 3,000
자연 상태의 탄성파 속도 (m/sec)	A	≥ 4,200	2,900 ~ 4,200	1,900 ~ 2,900	1,200 ~ 1,900	700 ~ 1,200
	B		≥ 4,100	2,800 ~ 4,100	1,800 ~ 2,800	1,000 ~ 1,800

A, B 그룹의 구분

구분	A 그룹	B 그룹
대표적 암종	편마암, 사질편암, 녹색편암, 각력암, 석회암, 사암, 휘록응회암, 역암, 화강암, 섬록암, 감람암, 사교암, 유교암, 현암, 안산암, 현무암	흑색편암, 녹색편암, 휘록응회암, 혈암, 니암, 응회암, 집괴암
함유물 등에 따른 시각 판정	사질분, 석영분을 다량 함유하고, 암질이 단단한 것, 결정도가 높은 것	사질분, 석영분이 거의 없고 응회분이 거의 없는 것, 천매상의 것
500 ~ 1000gr 해머의 타격에 따른 판정	타격점의 암은 작은 평평한 암편으로 되어 비산되거나 거의 암분을 남기지 않는 것	타격점의 암 자신이 부서지지 않고, 분상이 되어 남으며 암편이 별로 비산되지 않는 것

7.4 암석의 수리학적 특성

7.4.1 공극과 공극률

암석의 수리학적 특성은 암석을 통과하는 유체(지하수나 원유)의 이동속도를 결정한다. 유체는 암석에 분포하는 공극을 통하여 이동하므로 공극의 크기나 공극률은 암석의 수리학적 특성을 좌우하는 중요한 요소이며, 암석의 수리학적 특성은 유체 투과율이나 투수계수로 표시한다.

공극(pore spaces)은 흙이나 암석을 구성하는 입자들 사이의 공간들을 말하며, 물

(즉, 지하수)이나 공기로 채워져 있다. 공극은 암석의 생성 과정에서 형성되지만 흔히 변성작용이나 풍화작용에 따라 균열 등의 이차공극이 형성된다(그림 7.6).

공극률(porosity, n)은 전체 암석의 부피에서 공극의 부피가 차지하는 비율을 말한다. 암석의 공극률은 단위중량을 감소시키며, 공극의 분포에 따라 암석의 변형 특성이 크게 변화한다. 또한, 공극률이 높은 암석은 연성, 또는 비선형의 변형 특성을 나타낼 수 있다(그림 7.7).

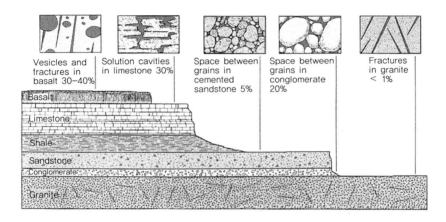

그림 7.6 암반 내 공극의 형성

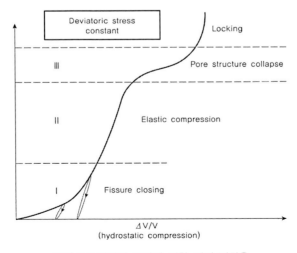

그림 7.7 압력의 증가에 의한 체적 변화율

7.4.2 일차공극과 이차공극

일차공극(primary pore)은 암석의 생성과정에서 형성된 공극들을 말하며, 이차공극(secondary pore)은 암석생성 이후에 형성된 공극들을 의미한다. 광물입자나 쇄설물 사이의 틈(void)이나 화산암의 기공(vesicles) 등은 일차공극에 속하고, 응력의 변화나 풍화과정에서 형성된 다양한 크기의 균열들은 이차공극으로 분류된다. 일차공극은 대부분 구형을 나타내며 응력의 변화에 크게 영향을 받지 않는다. 일반적으로 고립되어 분포하므로 암석의 수리학적 특성에 큰 영향을 미치지 않는다. 이차공극들은 일정한 방향성을 나타내거나 서로 연결되어 있는 경우가 많아서 암석이나 암반의 수리학적 이방성에 크게 영향을 미치는 요인이 되며, 응력의 변화에 매우 민감하게 반응한다(그림 7.7).

공극이 함유하는 수분의 증가로 암석의 강도나 stiffness는 크게 감소하며, 쇄설성 퇴적암의 경우에는 건조한 경우와 물로 포화된 경우의 강도가 50% 이상 차이를 보이는 경우도 있다. 특히 절리 내에 포함된 수분으로 마찰력이 감소하고, 간극수압의 형성으로 유효응력(effective stress)이 감소된다. 이처럼 암석의 이차공극(즉, 균열)은 강도나 변형 특성, 탄성파 속도, 비저항 및 유체투과율 등 공학적 특성에 큰 영향을 미친다. 그림 7.8은 암석의 일차공극률과 이차공극률의 변화가 변형계수 및 탄성파 속도에 미치는 영향을 나타낸 것이다.

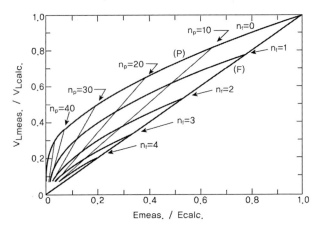

그림 7.8 암석의 변형계수와 탄성파 속도에 미치는 공극률의 영향

7.4.3 암석의 공극률

쇄설성 퇴적물이나 흙의 공극률은 입자들의 배열방식이나 입자형태, 입도분포 등에 의해 달라진다. 퇴적암을 형성하는 속성과정(diagenesis) 중 압밀작용에 따라 입자들의 형태나 배열방식이 변화하며, 이에 따라 공극률의 감소가 일어난다. 또한 여러 가지 고결물들의 침전으로 공극률은 더욱 감소한다. 그러나 이동하는 유체(특히 탄산을 포함하는 지하수)에 의한 용해작용으로 공극률이 증가되는 경우도 있다(예, 석회암 동굴). 일반적으로 퇴적암의 공극률은 화성암에 비해 높으며 쇄설성 퇴적암의 경우에는 3 ~ 30%, 결정질 퇴적암의 경우에는 1 ~ 30% 정도이다.

심성암이나 변성암은 흔히 매우 낮은 공극률을 나타낸다. 그러나 풍화작용이나 지반응력에 따른 파쇄작용 및 균열의 형성과정을 거치면서 공극률이 증가된다. 풍화작용은 암석의 공극률을 크게 변화시키며, 풍화를 받은 심성암이나 변성암의 경우 공극률은 30 ~ 60%까지 이른다. 풍화호 인한 공극률의 증가는 암석의 전반에 걸쳐 발생하지만, 기존의 절리면과 같이 풍화작용이 집중될 수 있는 지점에서 더욱 심하게 일어난다. 파쇄작용을 통해 공극률의 증가는 절리 등을 포함하는 파쇄대 주위에 한정되어 발생하며, 공극률의 증가는 2 ~ 5% 정도이다.

화산암은 지표 환경에 노출된 마그마가 급속히 냉각하는 과정에서 생성된 많은 기공들을 포함하고 있다(vesicular texture). 이러한 일차공극들로 공극률은 높지만, 서로 고립되어 분포하는 경우가 많다. 화산암의 공극률은 마그마에 포함된 휘발성 기체(H_2O, CO_2 등)의 함유량과 밀접하게 관련된다. 기체 함유량이 비교적 낮은 마그마에서 형성된 현무암은 공극률이 1 ~ 12%이지만, 기체 함유량이 높은 마그마로부터 형성된 부석(pumice)은 87%에 이르는 높은 공극률을 나타내기도 한다. 화산쇄설물(pyroclasts)이 쌓여서 형성된 응회암(tuff)은 14 ~ 40%의 공극률을 갖는다.

7.4.4 암석의 유체투과율

유체의 유동에 관한 Darcy의 실험 결과는 다음과 같은 관계식으로 표시된다.

$$v \propto i \quad \text{또는} \quad v = k \cdot i \tag{7.9}$$

즉, 단위 시간 동안 단위 면적을 통과하여 흐르는 물의 양을 유출속도(discharge

velocity)라고 할 때, 유출속도 v는 두 지점 사이의 수력구배(hydraulic gradient, i)에 비례한다. 이때 수력구배(또는 동수구배), i는 $\Delta h/L$로 정의되며 Δh는 두 지점의 전체수두(total head)의 차이를 나타낸다.

식 (7.9)에서 비례상수 k를 유체 전도도(hydraulic conductivity), 또는 투수계수(coefficient of permeability)로 정의한다. 유체 전도도는 유체의 특성, 예를 들면 점성도나 단위중량, 포화도뿐만 아니라 매질의 특성에도 좌우된다. 즉,

$$k = \frac{\rho \cdot g}{\mu} \cdot K \tag{7.10}$$

위의 식에서 $(\rho \cdot g)/\mu$는 유체의 특성을 나타내며, K는 매질의 특성과 관련된 지수로서 매질의 유체투과율(permeability)로 정의한다. 유체 전도도에 영향을 미치는 매질의 특성으로는 공극의 크기, 공극률, 입도분포, 입자의 표면 거칠기 등을 들 수 있다. 이러한 영향들을 포괄하여 유효 단면적의 개념으로 나타내며 유체투과율은 면적의 단위(L^2), 그리고 투수계수는 속도의 단위(LT^{-1})를 갖는다.

사질토나 풍화암과 같이 비교적 투수계수가 큰 매질의 투수계수는 토질시험에서 적용하는 장치를 사용하여 측정할 수 있으나, 일반적으로 암석과 같이 투수계수가 극히 낮은 경우에는 압력수두를 적용하여 투수계수를 측정한다.

석회암과 같이 일차공극이 대부분인 경우의 투수계수는 유동방향에 따른 투수계수의 차이가 거의 없으나, 편마암과 같이 이차공극들을 포함하는 암석의 경우에는 투수계수의 차이를 보인다. 즉, 수압에 따른 이차공극들의 확장으로 투수계수는 크게 증가할 수 있다. 다음 표 7.8은 흙과 암석의 투수계수의 대략적인 범위를 나타낸다.

표 7.8 흙과 암석의 투수계수(Hoek and Brown, 1980)

	Permeability Coefficients			
	k(cm/sec)	Intact Rock	Fractured Rock	Soil
Practically impermeable	10^{-10}	*Slate*		*Homogeneous clay below zone of weathering*
	10^{-9}	*Dolomite*		
	10^{-8}	*Granite*		
	10^{-7}			
Low discharge, poor drainage	10^{-6}	*Limestone*		*Very fine sands, organic and inorganic silts, mixtures of sand and clay, glacial till, stratified clay deposits*
	10^{-5}	*Sandstone*	*Clay-filled joints*	
	10^{-4}			
	10^{-3}			
High discharge, free drainage	10^{-2}		*Jointed rock*	
	10^{-1}			*Clean sand, clean sand and gravel mixtures*
	1.0		*Open-jointed rock*	
	10^{1}			
	10^{2}		*Heavily fractured rock*	*Clean gravel*

08 불연속면과 암반의 분류

08 불연속면과 암반의 분류

국토의 효율적인 활용을 위하여 지하철용 터널이나 상하수도용 수로 터널, 유류 및 액화가스 비축 시설, 양수 지하 발전소 등이 건설되고 있으며 방사성 폐기물의 지하처분장, 농축산물의 저장 등을 위한 지하 공간의 개발이 더욱 활발해질 전망이다. 터널이나 지하 공간의 굴착을 위한 설계에서 기본적으로 고려되어야 할 요소는 암반의 강도와 변형 특성이다. 이 장에서는 암반에 포함된 여러 가지 불연속면들의 지질공학적 기재 방법과 암반의 강도와 변형 특성, 그리고 암반의 공학적 분류법에 대하여 알아본다.

8.1 암반과 불연속면

암반공학에서는 대상 암반의 특성을 해석하여 토목이나 건축 구조물의 설계에 반영한다. 터널이나 지하공동의 굴착을 위한 설계에서 가장 기본적으로 고려되어야 할 요소는 암반의 역학적 특성, 즉 암반의 강도와 변형 특성이다. 암반의 역학적 특성은 암반 내에 존재하는 수많은 불연속면이나 지하수나 지표수의 유입으로 신선한 암석의 경우에 비해 매우 복잡한 양상이 나타난다. 이러한 불연속면들의 분포와 공학적인 특성, 암반 내의 신선한 암석들의 공학적 특성, 그리고 전체적인 암반의 강도와 변형 특성 등이 암반공학의 주요 내용을 이룬다.

암반은 수많은 불연속면들에 따라 분할된 불연속체로서, 이러한 불연속면들은 전체적인 암반의 공학적 특성을 결정하는 중요한 요소가 된다. 불연속면(rock discontinuity)이란 모든 종류의 절단면(breaks)을 의미하는 것으로써, 예를 들면 절리면이나 층리면, 서로 다른 암체 사이의 접촉면(contacts), 그리고 단층면 등이 여기에 속한다(그림 8.1). 절리(joint)는 지질구조 중의 하나로서 가장 대표적인 불연속면이며 불연속면들을 대표하는 용어로 사용되고 있다. 불연속면들의 특성은 국제암반공학회(ISRM)에서 제시한 기준을 따라 10가지 요소들을 사용한다.

그림 8.1 암반의 불연속면

8.1.1 불연속면의 방향성

불연속면의 방향성은 주향과 경사를 사용하여 표기하거나, 경사방향(dip direction)과 경사각(dip angle)으로 나타낸다(그림 8.2). 경사방향이란 진경사의 방향으로 진북에서 시계방향으로 측정된 0 ~ 360° 까지의 각으로 나타낸다. 불연속면의 주향은 경사방향으로부터 90° 회전한 방향이 된다. 지표면에 노출되지 않은 불연속면들의 방향은 시추 자료들을 해석하여 파악할 수 있다. 일반적으로 암반에는 여러 방향으로 발달한 불연속면들이 존재하므로 현장에서 측정된 자료들을 통계 처리하여 불연속면들의 평균적인 경사방향과 경사각을 구한다.

암반사면의 경우, 사면의 방향성과 암반 내 불연속면들의 방향성에 따라 사면의 안정성을 파악할 수 있으며 파괴의 형태에 대한 예측이 가능하다. 그림 8.2의 투영도에 나타난 직선과 대원은 사면의 주향과 경사를 나타낸다. 현장에서 측정된 불연속면들의 방향성은 투영도에 극점들로 나타나 있다. 따라서 불연속면의 주향은 투영도의 중심과 각 극점을 연결한 직선에 수직인 방향이며, 경사는 투영도의 중심을 지나 90° 떨어진 위치의 각으로 나타낸다.

그림 8.2(a)는 이 지역에 분포하는 불연속면들이 특정한 방향성을 나타내지 않으며 불규칙적으로 분포하고 있음을 나타낸다. 따라서 토질사면(soil slope)의 경우와 유사한 원호파괴(circular failure)가 일어날 가능성이 높다. 그림 8.2(b)는 특정한 방향으로 발달된 불연속면들의 분포를 나타낸다. 투영도에 나타난 불연속면들은 대략 사면의 주향과 나란한 방향으로 발달되어 있으며 경사각은 사면의 기울기보다 크다. 이러한 경우에는 파괴 형태는 평면 파괴(planar failure)를 예상할 수 있다. 그림 8.2(c)에는 서로 다른 방향으로 발달하고 있는 두 종류의 불연속면들의 분포를 나타내며 쐐기 파괴(wedge failure)의 가능성이 높다. 그림 8.2(d)에서는 사면과 경사방향이 다르며 거의 수직으로 발달된 불연속면들의 분포를 나타내며 전도파괴(toppling failure)가 예상된다.

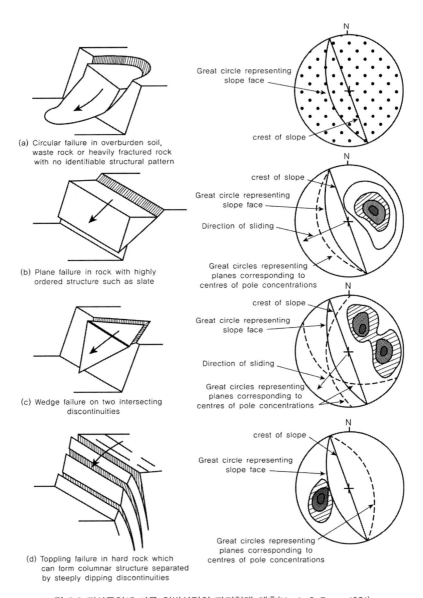

(a) Circular failure in overburden soil, waste rock or heavily fractured rock with no identifiable structural pattern

Great circle representing slope face

crest of slope

(b) Plane failure in rock with highly ordered structure such as slate

crest of slope

Great circle representing slope face

Direction of sliding

Great circles representing planes corresponding to centres of pole concentrations

(c) Wedge failure on two intersecting discontinuities

crest of slope

Great circle representing slope face

Direction of sliding

Great circles representing planes corresponding to centres of pole concentrations

(d) Toppling failure in hard rock which can form columnar structure separated by steeply dipping discontinuities

crest of slope

Great circle representing slope face

Great circles representing planes corresponding to centres of pole concentrations

그림 8.2 평사투영에 따른 암반사면의 파괴형태 예측(Hoek & Bray, 1981)

8.1.2 불연속면의 간격

불연속면의 간격(spacing)은 인접한 불연속면 사이의 거리를 의미한다(그림 8.3).

불연속면의 간격이 클수록 암반의 연속성이 증가하며, 암반의 역학적 특성은 암반을 구성하는 무결암의 특성에 유사하다. 그러나 불연속면의 간격이 좁아지면 암반의 특성은 불연속면의 역학적 특성에 따라 결정된다. 불연속면의 간격은 암반사면에 노출된 경우에는 직접 측정할 수 있으나, 암반 내에 존재하는 불연속면들의 간격은 여러 가지 지구물리학적 탐사 방법에 의하여 대략적인 빈도(frequency)를 파악한다. 불연속면의 간격은 표 8.1과 같이 정성적으로 기재한다. 또는 일정한 구간, 예를 들어 1m 구간 내에 포함된 불연속면의 수로 나타내는 방법도 있다.

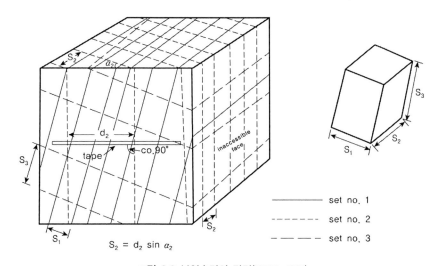

그림 8.3 불연속면의 간격(ISRM, 1981)

표 8.1 불연속면의 간격에 대한 정성적 기재(ISRM, 1981)

정성적 기재	간격
Extremely close spacing	< 20mm
Very close spacing	20 ~ 60mm
Close spacing	60 ~ 200mm
Moderate spacing	200 ~ 600mm
Wide spacing	600 ~ 2,000mm
Very wide spacing	2,000 ~ 6,000mm
Extremely wide spacing	> 6,000mm

8.1.3 불연속면의 연속성

불연속면의 연속성(persistence)은 불연속면의 넓이나 크기를 의미한다. 암반 내의 불연속면의 크기를 직접 측정하기는 어려운 일이므로 일반적으로 노두나 사면에서 관찰된 길이로 나타낸다. 불연속면의 연속성은 특히 암반사면의 파괴가 일어날 당시 파괴의 범위를 결정짓는 중요한 요소가 된다. 연속성에 대한 기재 방법은 다음 표 8.2와 같다.

표 8.2 불연속면의 연속성에 대한 기재 방법(ISRM, 1981)

정성적 기재	연속성
Very low persistence	<1m
Low persistence	1~3m
Medium persistence	3~10m
High persistence	10~20m
Very high persistence	>20m

8.1.4 표면 거칠기

불연속면의 표면 거칠기(surface roughness)는 불연속면의 전단강도에 영향을 미친다. 그러나 불연속면의 틈새(aperture)가 넓을수록, 또는 이전에 일어난 전단변형의 정도가 클수록 그 영향은 감소한다. 표면 거칠기는 정성적인, 또는 정량적인 기재방법을 사용하여 나타낼 수 있다. 공학적인 해석을 위해서는 정량적인 기재방법을 사용하여 수치로 나타내는 것이 바람직하다.

정성적인 기재방법은 불연속면에 수직한 평면에 나타난 곡선의 형태로부터 그림 8.4(a)와 같이 stepped, undulating, 그리고 planar로 먼저 분류한 후, 각각에 대하여 rough, smooth, slickensided 등으로 세분한다. 정량적인 기재방법은 표면 거칠기를 JRC(joint roughness coefficient)라는 계수를 사용하며, 표면 거칠기의 정도와 JRC 값은 그림 8.4(b)에 나타난 바와 같다. 이 분류는 Barton과 Chouby(1977)가 원래 자연 절리면의 전단강도를 추정하기 위하여 제시한 것이다. 이들은 자연 절리면에 대한 여러 가지 실험을 통하여 절리면의 최대 내부 마찰각(ϕ_p)과 표면 거칠기 계수 사이의 관계를 다음과 같은 식으로 나타내었다.

$$\phi_p = \text{JRC} \cdot \log_{10}\left(\frac{\text{JCS}}{\sigma_n{'}}\right) + \phi_r \tag{8.1}$$

식 (8.1)에서 JCS는 절리면 표면강도(joint wall compression strength)이며, ϕ_r은
잔류 마찰각(residual friction angle)이다. 절리면 표면강도와 잔류 마찰각은 Schmidt
hammer test 등을 사용하여 구한다.

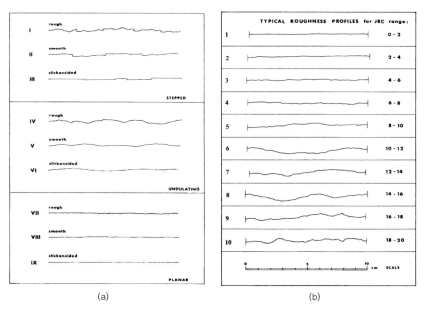

(a)   (b)

그림 8.4 불연속면의 표면 거칠기에 대한 정성적 기재와 JRC(Barton and Choubey, 1977)

8.1.5 불연속면의 표면강도

불연속면의 표면강도(wall strength), 즉 불연속면에 인접한 암석의 강도는 불연속
면의 표면 거칠기와 함께 암반의 공학적 특성을 결정하는 중요한 요소이다. 불연
속면에서 멀리 떨어진 무결암에 비해 불연속면의 표면강도는 풍화의 정도에 따라
크게 변화한다. 따라서 풍화의 정도에 대한 정성적인 기재와 간단한 실험을 적용
하여 표면강도를 파악하는 것이 효과적이다.

불연속면의 표면강도는 보통 Schmidt hammer test나 점하중 강도시험을 사용하여 측정한다. Schmidt hammer test에서는 Schmidt hammer를 사용하여 반복하여 반발계수(rebound number)를 측정한 후 평균값을 구한다. 표 8.3과 같이 방향에 따른 보정을 한 반발계수를 R이라 하면, 표면강도는 다음과 같다.

$$\log_{10}\sigma_c = 0.0008 \ R \cdot \gamma + 1.01 \tag{8.2}$$

표 8.3 Schmidt hammer 반발계수의 방향보정(ISRM, 1981)

반발계수 r	하향		상향		수평
	$\alpha = -90$	$\alpha = -45$	$\alpha = +90$	$\alpha = +45$	$\alpha = 0$
10	0	-0.8	-	-	-3.2
20	0	-0.9	-8.8	-6.9	-3.4
30	0	-0.8	-7.8	-6.2	-3.1
40	0	-0.7	-6.6	-5.3	-2.7
50	0	-0.6	-5.3	-4.3	-2.2
60	0	-0.4	-4.0	-3.3	-1.7

식 (8.2)에서 암석의 건조밀도(γ)의 단위는 kN/m^3이며 압축강도의 단위는 MN/m^2이다. 불연속면 표면에서 측정한 반발계수 R로부터 불연속면의 잔류 마찰각을 구하는 식은 다음과 같다.

$$\phi_r = (\phi_b - 20) + 20 \cdot R/r \tag{8.3}$$

식 (8.3)에서 r은 풍화되지 않은, 즉 불연속면에서 멀리 떨어진 무결암에서 측정한 반발계수이다. ϕ_b는 기본 마찰각(basic friction angle)으로서 표면 거칠기가 전혀 없을 때의 마찰각을 말한다. 기본 마찰각은 표면을 매끄럽게 연삭한 두 암석판을 겹쳐놓은 후 한 쪽을 들어 올려서 위편의 암석판이 미끄러질 때의 기울기로 정의된다.

8.1.6 불연속면의 틈새

불연속면의 틈새(aperture)란 벌어진 불연속면의 간극의 크기를 말하며, 암반의 풍화가 진행될수록 틈새는 점차 넓어진다. 틈새는 표 8.4와 같이 정성적인 기준을 사용하여 나타낸다. 불연속면의 틈새는 전단강도뿐만 아니라 불연속면을 따라 흐르는 지표수 및 지하수의 양과 밀접하게 관련된다. 따라서 사면에 노출되어 있지 않은 불연속면의 틈새는 현지 암반의 투수율을 측정하여 대략적으로 구할 수 있다. 한 방향으로 발달된 매끈한 불연속면들을 포함하고 있는 암반의 투수계수는 다음과 같은 실험식에 따라 대략적으로 구할 수 있다.

$$k = \frac{g \cdot e^3}{12\mu \cdot b} \tag{8.4}$$

위 식에서 g는 중력 가속도, μ는 유체의 동적 점성도(kinematic viscosity)를 나타낸다. 그리고 b는 불연속면의 간격, e는 틈새를 나타낸다.

표 8.4 불연속면의 틈새에 대한 정성적 기재(ISRM, 1981)

틈새	정성적 기재	
<0.1mm	Very tight	'Closed' features
0.1~0.25mm	Tight	
0.25~0.5mm	Partly open	
0.5~2.5mm	Open	'Gapped' features
2.5~10mm	Moderately wide	
>10mm	Wide	
1~10cm	Very wide	'Open' features
10~100cm	Extremely wide	
>1m	Cavernous	

8.1.7 충진 물질

불연속면의 간극을 채우고 있는 물질들로서, 풍화의 산물인 방해석이나 녹니석, 점토나 실트질의 물질 및 암편 등이 대부분이다. 충진물은 불연속면의 역학적인 특성을 좌우하는 중요한 요소로서, 불연속면의 전단강도나 투수율, 그리고 암반의 변형 특성 등에 큰 영향을 미친다. 또한, 충진 물질의 광물조성이나 입도분포(grain size distribution), 함수도 및 투수율 등은 암반의 공학적 특성과 밀접하게 연관된다.

8.1.8 절리군의 수

한 방향으로 나란하게 발달한 불연속면들의 집합을 불연속면군(discontinuity set), 또는 절리군(joint set)이라고 한다. 일반적으로 암반은 규칙적으로 발달한 몇 개의 절리군들과 불규칙적인 절리(random joints)들로 이루어진다. 암반에 포함된 절리군의 수는 현장에서 조사된 절리들의 주향 및 경사 자료를 평사투영에 따라 통계적으로 처리함으로써 파악할 수 있다. 암반에 포함된 절리군의 수는 암반의 형태뿐만 아니라 역학적 특성에 영향을 미친다. 암반사면에 포함된 절리군의 수가 증가할수록, 또는 불규칙적으로 발달된 절리들의 수가 많을수록 전체 암반을 등방성의 균질한 토질사면과 유사하게 취급하여 해석할 수 있다.

8.1.9 지표수 및 지하수의 흐름

불연속면을 통한 지표수나 지하수의 흐름은 불연속면 표면의 마찰력을 감소시키고, 특히 간극수압을 형성하여 유효응력을 감소시킴으로써 불연속면의 전단강도는 크게 떨어진다. 또한 불연속면 주변 암석들의 풍화가 진행되면서 동결융해의 영향이 심각해질 수 있다. 암반 내에서 지하수나 지표수의 흐름의 정도는 표 8.5와 같은 정성적인 기준을 사용하여 기재한다.

표 8.5 지표수나 지하수의 흐름에 대한 정성적 기재(ISRM, 1981)

지하수 유입 등급		정성적 기재
Unfilled discontinuities	I	The discontinuity is very tight and dry, water flow along it does not appear possible
	II	The discontinuity is dry with no evidence of water flow
	III	The discontinuity is dry but shows evidence of water flow, i.e. rust staining, etc.
	IV	The discontinuity is damp but no free water is present
	V	The discontinuity shows seepage, occasional drops of water, but no continuous flow
	VI	The discontinuity shows a continuous flow of water(estimate liter/min. and describe pressure i.e. low, medium, high)

Filled discontinuities	I	The filling materials are heavily consolidated and dry, significant flow appears unlikely due to very low permeability	
	II	The filling materials are damp, but no free water is present	
	III	The filling materials are wet, occasional drops of water	
	IV	The filling materials show signs of outwash, continuous flow of water(estimate liter/min)	
	V	The filling materials are washed out locally, considerable water flow along outwash channels(estimate liter/min. and describe pressure i.e. low, medium, high)	
	VI	The filling materials are washed out completely, very high water pressures experienced, especially on first exposure(estimate liter/min. and describe pressure)	
Rock mass (e.g. tunnel wall)	I	Dry walls and roof, no detectable seepage	
	II	Minor seepage, specify dripping discontinuities	
	III	Medium inflow, specify discontinuities with continuous flow(estimate liter/min/10min. length of excavation)	
	IV	Major inflow, specify discontinuities with strong flows(estimate liter/min/10min. length of excavation)	
	V	Exceptionally high inflow, specify source of exceptional flows(estimate liter/min/10min. length of excavation)	

8.1.10 암괴의 크기

암괴의 크기(block size)는 암반의 변형도나 암반사면의 파괴형태, 발파에 따른 굴착 작업, 혹은 채석 작업의 효율성에 큰 영향을 미치게 된다. 암괴의 크기는 불연속면군의 수, 불연속면의 간격이나 연속성 등의 자료에서 구할 수 있다. 암괴의 크기는 일반적으로 다음의 두 가지 방법들을 사용하여 나타낸다.

암괴 크기 지수(block size index, I_b)는 암괴들의 평균적인 크기를 불연속면의 간격을 사용하여 나타낸다. 예를 들어 암반의 절리군의 수가 3이고 각 군에 속하는 절리들의 평균 간격이 S_1, S_2, S_3이면, 암괴 크기 지수는 $I_b = (S_1 + S_2 + S_3)/3$으로 계산된다.

체적 빈도 지수(volumetric joint count, J_v)는 암반에 분포하는 절리군의 수와 각

절리군에 속하는 절리의 수로 계산하며, 일정한 구간에 포함된 절리의 수를 측정 구간의 길이로 나누어 합산한다. 예를 들면 4개의 절리군에 대하여 각각 10m의 구간에 대하여 측정된 절리의 수가 6, 24, 10, 1인 경우, 체적 빈도 지수는 $J_v = 6/10 + 24/10 + 10/10 + 1/10 = 4.1 = 6/10 + 24/10 + 10/10 + 1/10 = 4.1$로 계산되고 단위는 joints/$m^3$를 사용한다.

체적 빈도 지수 J_v가 4.5 이하인 암반의 암질 지수(rock quality designation, RQD)는 100에 가까워진다. 파쇄암(crushed rocks)은 J_v가 60 이상인 경우가 많다. 일반적으로 암반의 암질 지수와 불연속면의 체적 빈도 지수 사이에는 다음과 같은 관계가 있으므로 시추 작업이 어려운 암반의 암질지수를 파악할 수 있다.

표 8.6 암괴의 크기에 대한 정성적인 기재(ISRM, 1981)

정성적 기재	J_v(joints/m^3)
Very large blocks	< 10
Large blocks	1 ~ 3
Medium-size blocks	3 ~ 10
Small blocks	10 ~ 30
Very small blocks	> 30

표 8.6은 암괴의 크기를 J_v를 사용하여 정성적으로 기재하는 방법을 나타낸다.

$$RQD = 115 - 3.3J_v \qquad (8.5)$$

8.2 암반의 분류

무결암의 강도, 굴착방향에 대한 불연속면의 방향이나 간격, 또는 불연속면의 전단 강도 등은 터널이나 지하공동의 굴착과 관련된 암반의 안정성에 영향을 미치는 요소들이다. 암반분류(rockmass classification)는 암반을 정량적인 기준에 따라 분류함으로써 암반의 공학적 특성을 예측하고, 시공방법이나 보강작업의 범위 등을 결정하기 위한 것이다. 현재 널리 적용되는 암반 분류법으로는 Bieniawski에 따른 RMR 분류법과 Barton 등이 제시한 Q-system을 들 수 있다.

8.2.1 암반의 지질공학적 기재

암반에 대한 지질공학적 기재에는 앞 절에서 언급한 불연속면의 분포와 특성에 대한 자료 외에도 암석의 공학적 특성이 포함된다. 암석의 공학적 특성은 구성광물의 물리적 성질과 광물입자들 사이의 결합상태에 따라 크게 좌우한다. 따라서 암석의 공학적 기재에 포함할 사항들로는 암석명(lithology), 광물조성, 색깔, 암석조직, 풍화나 변질의 정도, 기타 암석학적 특징 등을 들 수 있다. 이 외에도 비중, 공극률, 경도, 투수계수, 탄성파 속도, 그리고 강도와 탄성계수 등의 공학적 특성들이 포함되어야 한다. 특히 셰일과 같은 점토질 암석의 경우에는 팽창 특성이나 slake durability 등이 유용한 자료로 사용된다.

암석의 투수계수는 일반적으로 무시할 수 있을 정도로 작지만, 불연속면들을 통해 급격히 증가할 수 있으며, 불연속면의 틈새나 충진 물질에 따라 영향을 받는다. 표 8.7은 불연속면들의 간격에 따른 대략적인 투수계수의 범위를, 표 8.8은 암반의 투수계수에 대한 정성적인 분류 기준을 나타낸다.

표 8.7 불연속면의 간격과 암반의 투수계수(ISRM, 1981)

불연속면 간격	등급	투수계수(m/s)
Very closely to extremely closely spaced discontinuities	highly permeable	$10^{-2} \sim 1.0$
Closely to moderately widely spaced discontinuities	moderately permeable	$10^{-5} \sim 10^{-2}$
Widely to very widely spaced discontinuities	slightly permeable	$10^{-9} \sim 10^{-5}$
No discontinuities	effectively permeable	$<10^{-9}$

표 8.8 투수계수에 따른 암반의 분류(ISRM, 1981)

등급	투수계수(m/s)	암반의 분류
1	$>10^{-2}$	very highly permeable
2	$10^{-2} \sim 10^{-4}$	highly permeable
3	$10^{-4} \sim 10^{-5}$	moderately permeable
4	$10^{-5} \sim 10^{-7}$	slightly permeable
5	$10^{-7} \sim 10^{-9}$	very slightly permeable
6	$<10^{-9}$	practically impermeable

암반의 탄성파 속도는 암석의 광물조성이나 비중, 공극률, 탄성계수, 그리고 파쇄대의 분포에 따라 좌우된다. 신선한 화성암의 탄성파의 속도는 5,000m/sec 이상이며 변성암의 경우에는 3,500m/s 이상의 값을 나타낸다. 퇴적암은 암종에 따라 큰 차이를 보이는데, 대략 1,500 ~ 4,500m/s까지의 범위를 나타낸다. 압밀이나 고결 작용이 덜 진행된 표토층의 경우는 이보다 훨씬 낮은 탄성파 속도를 나타낸다. 표 8.9은 탄성파 속도에 따른 암반의 등급을 나타낸다.

표 8.9 탄성파 속도에 따른 암반의 분류(ISRM, 1987)

등급	탄성파 속도(m/s)	정성적 기재
1	< 2,500	Very low
2	2,500 ~ 3,500	Low
3	3,500 ~ 4,000	Moderate
4	4,000 ~ 5,000	High
5	> 5,000	Very high

8.2.2 암반의 분류

암반분류의 목적은 암반의 지질공학적 변수들을 고려하여 공학적 특성을 예측하기 위한 것으로써, 주로 터널이나 지하 공간의 굴착과 관련되어 이루어진다. 분류 결과에 따라 지보(support) 없이 굴착 작업을 진행할 수 있는 기간의 예측이나, 지보의 방법과 범위의 선정이 가능하다. 암반분류의 개념을 처음으로 도입한 사람은 Terzaghi(1946)로서 표 8.10과 같이 풍화정도와 불연속면의 간격, 충진 물질의 종류에 중점을 두어 암반을 분류하였다. 그러나 암석의 물성이 고려되지 않았으므로 물성이 전혀 다른 암반이 같은 등급으로 분류될 수도 있는 단점이 있다. 이후에 제시된 대부분의 암반 분류법은 이를 확장시킨 것으로, Wickham(1972) 등, Bieniawski(1973, 1974, 1976), 그리고 Barton(1975) 등은 암석의 물성과 불연속면의 특성에 중점을 두어 분류하였다.

표 8.10 Terzaghi의 암반분류

분류	정성적 기재
Intact	Rock contains neither joints nor hair cracks
Stratified	Rock consists of individual strata with little or no resistance against separation along the boundaries between strata
Moderately Jointed	Rock contains joints and hair cracks, but the blocks between joints are locally grown together or so intimately interlocked that vertical walls do not require lateral support
Blocky and Seamy	Rock consists of chemically unweathered rock fragments which are entirely separated from each other and imperfectly interlocked. In such rock vertical walls may require support
Crushed	Chemically unweathered rock the character of crusher run material
Squeezing	Rock that slowly advances into the tunnel without perceptible volume change
Swelling	Rock that advances into the tunnel chiefly on account of expansion caused by minerals with a high swelling capacity

1) RSR 분류

Wickham(1972) 등은 터널의 굴착에 필요한 지반의 보강과 관련하여 암반 구조의 영향에 중점을 둔 RSR(rock structure rating) 분류법을 제시하였다. 표 8.11과 같이 RSR 분류법에서는 지질학적인 요인들과 연관된 세 개의 변수들이 지반의 보강에 미치는 상대적인 영향들을 평가한다. 변수 'A'는 암석의 종류 및 지질구조에 대한 등급이며, 변수 'B'는 절리의 방향과 터널의 굴진방향 사이의 관계와 절리면의 간격에 대한 등급을 나타낸다. 변수 'C'는 지하수의 흐름과 불연속면의 상태, 즉 풍화의 정도나 불연속면 틈새의 영향을 고려한다. RSR 분류법에 의한 암반 등급은 각 변수들의 점수를 합한 값이며, 암반의 종류에 따라 25 ~ 100 사이의 값을 갖는다. 등급이 77점 이상인 경우에는 별도의 보강작업을 생략할 수 있다.

표 8.11 RSR 분류법

(a) Parameter A : *General area geology*

Basic Rock Type	Massive	Slightly Faulted or Folded	Moderately Faulted or Folded	Intensely Faulted or Folded
Igneous	30	26	15	10
Sedimentary	24	20	12	8
Metamorphic	27	22	14	9

(b) Parameter B : *Joint pattern and direction of drive*

Joint Strike / Tunnel Axis		← Perpendicular to axis →						← Parallel to axis →	
Direction of Tunnel Drive		Both		With Dip		Against Dip		Both	
Dip of Prominent Joints		<20°	20~50°	50~90°	20~50°	50~90°	<20°	20~50°	50~90°
Average Joint Spacing	Clearly jointed, <0.15m	14	17	20	16	18	14		
	Moderately jointed, 0.15~0.3m	24	26	30	20	24	24		
	Moderate to Blocky, 0.3~0.6m	32	34	38	27	30	32		
	Blocky to Massive, 0.6~1.2m	40	42	44	36	39	40		
	Massive, >4.0m	45	48	50	42	45	45		

(c) Parameter C : *Groundwater, Joint Condition*

Sum of Parameters A + B		20–45			46–80		
Joint Condition*		1	2	3	1	2	3
Anticipated Water Inflow(liter/sec/300m)	None	18	15	10	20	18	14
	Slight, <15	17	12	7	19	15	10
	Moderate, 15~75	12	9	6	18	12	8
	Heavy, >75	8	6	5	14	10	6

*1 =Tight or cemented, 2=Slightly weathered, 3=Severely weathered or open

2) RMR 분류

RMR(rock mass rating, 또는 geomechanics classification) 분류법은 1972년 Bieniawski에 따라 제시된 이후 여러 차례의 수정과 보완 과정을 거치면서 현재는 터널이나 지하 공간, 암반 사면 및 암반 기초의 설계에 널리 적용되고 있는 암반 분류법이다. 이 분류법에서는 암석의 일축압축강도와 암질지수(RQD), 불연속면의 특성 및 지하수의 영향을 정량적으로 평가한 후, 각 항목의 점수들을 합산하여 암반의 등급을 결정한다. 암반이 불균질하고 연속성이 없는 경우에는 단층이나 암맥 등 명확한 지질구조를 경계로 몇 개의 균질한 구역으로 나눈 후 각 구역에서의 암반 등급을 결정하고 이들의 평균치를 전체 암반의 등급으로 사용한다.

암석의 일축압축강도는 연암(weak rock)이나 또는 불연속면의 간격이 큰 경암의 경우에는 암반의 공학적 특성을 결정하는 요인으로 작용한다. 암석의 일축압축강도는 실내 시험에 의하여 구하는 것이 보통이나, 현장에서의 점하중재하시험으로 대체할 수도 있다. 암질지수는 1m 구간의 시추 코어에서 길이가 10cm 이상인 코어들의 길이의 합을 백분율로 나타낸 것이다.

불연속면의 특성은 불연속면의 간격과 상태에 따른 점수로 나타난다. 불연속면의 상태는 틈새와 연속성, 표면 거칠기 및 충진 물질의 종류 등을 의미한다. 일반적으로, 틈새가 좁고 충진 물질이 없으며 표면 거칠기가 큰 불연속면일수록 전단강도가 크다. 반대로, 틈새가 넓고 연속성이 큰 불연속면의 경우는 지하수 및 지표수의 흐름에 따라 전단강도가 크게 저하된다. 지하수의 영향은 불연속면을 통한 지하수 흐름의 정도나, 또는 주응력의 크기에 대한 불연속면 내의 간극수압의 비로 주어진다. 이러한 변수들에 대해 표 8.12(a)에 제시된 기준으로 평가하여 암반의 지질공학적 평점이 결정된다. 표 8.12(b)와 같이 터널의 진행방향에 대한 불연속면의 방향성에 따라 암반평점이 조정된 후, 암반은 최종적으로 표 8.13(c)에 따라 다섯 등급으로 분류된다.

표 8.12 RMR 분류

(a) 암반분류 매개변수와 평점

분류 변수		평점					
암석 강도 (MPa)	점재하 지수	>10	4~10	2~4	2~4	−	
	일축압축 강도	>250	100~250	50~100	25~50	5~ 25	1~ 5	<1
평점		15	12	7	4	2	1	0
RQD(%)		90~100	75~90	50~75	25~50	<25		
평점		20	7	13	8	3		
불연속의 간격(mm)		>2,000	600~2,000	200~600	60~200	<60		
평점		20	15	10	8	5		
불연속의 상태		· 매우 거침 · 불연속 · 밀착됨 · 신선함	· 약간 거침 · 간극 <1mm · 약간 풍화	· 약간 거침 · 간극 <1mm · 매우 풍화	· Slickensided Gouge <5mm · 간극 1~5mm · 연속성	· 연한 Gouge >5mm · 간극 1~5mm · 연속성		
평점		30	25	20	10	0		
지 하 수	터널 10m 당 입수량(liter/ min)	없음	<10	10~25	25~125	>125		
	절리면에서의 간극수압과 최대 주응력의 비	0	<0.1	0.1~0.2	0.2~0.5	>0.5		
	일반적 상태	완전 건조	Damp	Wet	Dripping	Flowing		
평점		15	10	7	4	0		

(b) 절리의 방향성(주향 및 경사)에 의한 평점 조정

절리의 주향·경사*		매우 유리	유리	보통	불리	매우 불리
평점	터널 및 채굴	0	−2	−5	−10	−12
	기초	0	−2	−7	−15	−25
	사면	0	−2	−25	−50	−60

*1. 매우 유리 : 터널이 절리면의 주향에 수직하고 경사방향($\delta = 45 \sim 90°$)으로 진행하는 경우
2. 유리 : 터널이 절리면의 주향에 수직하고 경사방향($\delta = 20 \sim 45°$)으로 진행하는 경우
3. 보통 : 터널의 진행방향과 관계없이 절리면의 경사각(δ)이 20°이내인 경우, 또는 터널이 절리면의 주향에 수직하고 경사 반대 방향($\delta = 45 \sim 90°$)으로 진행하는 경우, 또는 터널이 절리면의 주향과 나란하게 진행하고 절리면의 경사각이 20~45°인 경우
4. 불리 : 터널이 절리면의 주향에 수직하고 경사의 반대 방향($\delta = 20 \sim 45°$)으로 진행하는 경우
5. 매우 불리 : 터널이 절리면의 주향과 나란하게 진행하고 절리면의 경사각이 45~90°인 경우

(c) 평점 합계에 따른 암반분류

평점	100 ~ 81	80 ~ 61	60 ~ 41	40 ~ 21	< 20
등급	I	II	III	IV	V
기재	매우 양호	양호	보통	불량	매우 불량

(d) RMR 평가 결과에 따른 자립 기간 및 암반의 강도

등급	I	II	III	IV	V
자립 기간	15m Span 으로 10년	8m Span 으로 6개월	5m Span+ 으로 일주일	2.5m Span 으로 10시간	1.0m Span 으로 30분
암반 점착력 (kPa)	>400	300 ~ 400	200 ~ 300	100 ~ 200	<100
암반 마찰각	>45°	35 ~ 45°	25 ~ 35°	15 ~ 25°	<15°

3) Q-System

1975년 Barton 등이 제시한 Q-System(rock mass quality)에서는 암질지수와 절리군의 특성 및 응력 저감계수 등을 평가한 후, 다음의 식으로 Q 지수를 계산한다.

$$Q = \frac{RQD}{J_n} \times \frac{J_r}{J_a} \times \frac{J_w}{SRF} \tag{8.6}$$

식 (8.6)에서 J_n은 절리군(joint sets)의 수, J_r은 절리의 표면 거칠기, J_a는 표면의 변질정도, J_w는 지하수 및 지표수의 영향을 고려하기 위한 지수들이다. 응력 저감계수 SRF는 암반 내에 작용하는 응력상태에 대한 보정을 나타낸다. 각 변수들의 평점은 표 8.13과 같다.

각 등급에 속하는 암반의 자립 기간, 즉 지보가 없는 상태에서 굴착공동이 유지될 수 있는 시간(stand-up time)과 암반의 점착력 및 내부 마찰각은 표 8.13(d)에 제시되어 있다.

표 8.13 Q 지수의 결정을 위한 각 변수들의 평점

(a) Rock Quality Designation, RQD

Description	RQD
Very poor	$0 \sim 25$
Poor	$25 \sim 50$
Fair	$50 \sim 75$
Good	$75 \sim 90$
Excellent	$90 \sim 100$

(b) Joint Set Number, J_n

Description	J_n
Massive, no or few joints	$0.5 \sim 1.0$
One joint set	2
One joint set plus random	3
Two joint sets	4
Two joint sets plus random	6
Three joint sets	9
Three joint sets plus random	12
Four or more joint sets, random, heavily jointed, 'sugar-cube' etc.	15
Crushed rock, earth-like	20

* For intersections, use$(3.0 \times J_n)$: For portals, use$(2.0 \times J_n)$

(c) Joint Roughness Number, J_r

Description		J_r
(a) Rock wall contact and (b) Rock wall contact before 10mm shear (i)	Discontinuous joints	4
	Rough or irregular, undulating	3
	Smooth, undulating	2
	Slickensided, undulating	1.5
	Rough or irregular, planar	1.5
	Smooth, planar	1.0
	Slickensided	0.5
(c) No wall contact when sheared (ii), (iii)	Zone containing clay minerals thick enough to prevent rock wall contact	1.0
	Sandy, gravelly or crushed zone thick enough to prevent rock wall contact	1.0

(d) Joint Alteration Number, J_a

Description		J_a	ϕ_r
Rock wall contact	Tightly healed, hard, non−softening, impermeable filling i.e., quartz or epidote	0.75	−
	Unaltered joint walls, surface staining only	1.0	$25 \sim 35°$
	Slightly altered joint walls. Non−softening mineral coatings, sandy particles, clay−free disintegrated rock, etc.	2.0	$25 \sim 30°$
	Silty−, or sandy−clay coatings, small clay fraction (non−soft.)	3.0	$20 \sim 25°$
	Softening or low friction clay mineral coatings, i.e., kaolinite or mica. Also chlorite, talc, quantities of swelling clays	4.0	$8 \sim 16°$
Rock wall contact before 10mm shear	Sandy particles, clay−free disintegrated rock etc.	4.0	$25 \sim 30°$
	Strongly over−consolidated non−softening clay mineral fillings(continuous, but < 5mm thickness)	6.0	$16 \sim 24°$
	Medium or low over−consolidation, softening, clay mineral fillings(continuous, but < 5mm thickness)	8.0	$12 \sim 16°$
	Swelling−clay fillings, i.e., montmorillonite (continuous, but < 5mm thickness). Value of J_a depends on percent of swelling clay−size particles, and access to water etc.	$8 \sim 12$	$6 \sim 12°$
No rock wall contact when sheared	Zones or bands of disintegrated or crushed rock and clay(continuous, but < 5mm thickness)	6, 8 or $8 \sim 12$	$6 \sim 24°$
	Zones or bands of silty− or sandy−clay, small clay fraction (non−softening)	5.0	−
	Thick, continuous zone or bands of clay (continuous, but < 5mm thickness)	10, 13 or $13 \sim 20$	$6 \sim 24°$

(e) Joint Water Reduction Factor, J_w

Description	J_w	Approximate Water pressure(kgf/cm²)
Dry excavations or minor inflow, i.e. <5 liter/min. locally	1.0	<1
Medium inflow or pressure, occasional outwash of joint fillings	0.66	1~2.5
Large inflow or high pressure in competent rock with unfilled joints	0.5	2.5~10
Large inflow or high pressure, considerable outwash of joint fillings	0.33	2.5~10
Exceptionally high inflow or water pressure at blasting, decaying with time	0.2~0.1	>10
Exceptionally high inflow or water pressure continuing without noticeable decay	0.1~0.05	>10

(f) Stress Reduction Factor, SRF

(a) Weakness zones intersecting excavation, which may cause loosening of rock mass when tunnel is excavated*	SRF
Multiple occurrence of weakness zones containing clay or chemically disintegrated rock, very loose surrounding rock(any depth)	10
Single weakness zones containing clay or chemically disintegrated rock(depth of excavation ≤ 50m)	5
Single weakness zones containing clay or chemically disintegrated rock(depth of excavation >50m)	2.5
Multiple shear zones in competent rock(clay−free), loose surrounding rock(any depth)	7.5
Single shear zones in competent rock(clay−free), (depth of excavation ≤ 50m)	5.0
Single shear zones in competent rock(clay−free), (depth of excavation >50m)	2.5
Loose open joints, heavily jointed or 'sugar cube' etc. (any depth)	5.0

(b) Competent rock, rock stress problem**	σ_c/σ_1	σ_t/σ_1	SRF
Low stress, near surface	>200	>13	2.5
Medium stress	200~10	12~0.66	1.0
High stress, very tight structure(usually favorable for stability, may be unfavorable for wall stability)	10~5	0.66~0.33	0.5~2
Mild rock burst(massive rock)	5~2.5	0.33~0.16	5~10
Heavy rock burst(massive rock)	<2.5	<0.16	10~20

(c) Squeezing rock : Plastic flow of incompetent rock under the influence of high water pressure	*SRF*
Mild squeezing rock pressure	5 ~ 10
Heavy squeezing rock pressure	10 ~ 20
(d) Swelling rock : Chemical swelling activity depending on presence of water	*SRF*
Mild swelling rock pressure	5 ~ 10
Heavy swelling rock pressure	10 ~ 15

시추 자료가 없을 경우에는 식 (8.6)에 제시된 RQD의 추정값을 적용한다. 또한 J 변수들의 평점을 결정하기 위해서는 터널이나 사면의 안정성에 가장 취약할 것으로 판단되는 절리군을 선택하여 Q 값을 계산한다. SRF의 결정을 위하여 무결암의 강도를 측정해야 할 경우에는 현장 조건과 동일한 조건하에서 시행되어야 한다. 예를 들면, 지하수면보다 하부에 위치한 암반인 경우에는 시험편이 물로 포화된 상태에서 강도를 측정하여야 한다. 계산된 Q 값에 따라 표 8.14에 따라 암반의 등급이 결정된다.

표 8.14 Q-System에 의한 암반분류

Description	Q-value
Exceptionally Poor	0.001 ~ 0.1
Extremely Poor	0.1 ~ 0.4
very Poor	0.4 ~ 1.0
Fair	1.0 ~ 4.0
Good	4.0 ~ 10.0
very Good	10.0 ~ 40.0
Extremely Good	40.0 ~ 400.0
Exceptionally Good	400.0 ~ 1000.0

8.2.3 암반분류 결과의 적용

암반분류에 의한 등급은 주로 터널 지보의 설계에 적용되지만, 암반의 변형계수나 강도의 추정에도 이용할 수 있다. *RMR* 값과 *Q* 지수 및 *RSR* 값은 다음과 같은 상관관계를 갖는다.

$$R = 9\ln Q + 44, \quad \text{또는} \quad R = 10.5\ln Q + 42 \tag{8.7}$$
$$RSR = 0.77 RMR + 12.4$$

1) 암반의 변형도(deformability)

암반의 변형계수(E_m)는 현장에서의 측정이 매우 어렵고 비용이 많이 소요되므로 일반적으로 암반의 등급으로부터 추정한다. *RMR* 값에 의하여 암반의 변형계수를 계산하는 식은 다음과 같다.

$$E_m = 2 RMR - 100 [\text{GPa}] \tag{8.8}$$

위의 식은 암반의 *RMR* 등급이 50 이상일 경우에 적용된다. Serafim and Pereira (1983)는 *RMR*이 50 이하인 암반인 경우에도 적용할 수 있도록 다음과 같은 식을 제시하였다.

$$40 \log E_m = R - 10 \tag{8.9}$$

Q 지수로부터 추정된 암반의 변형계수는 다음과 같다.

$$E_m = 25 \log Q \tag{8.10}$$

표 8.15 *RQD*와 암질 및 Modulus Ratio

RQD(%)	암질	Modulus Ratio, E_{field}/E_{lab}
0 ~ 25	Very poor	0.15
25 ~ 50	Poor	0.20
50 ~ 75	Fair	0.25
75 ~ 90	Good	0.3 ~ 0.7
90 ~ 100	Excellent	0.7 ~ 1.0

현지 암반의 변형계수는 실내 실험에 의해 측정된 무결암의 변형계수와는 상당한 차이를 나타내는 것이 보통이며, 암질지수에 크게 좌우된다(표 8.15).

2) 암반의 강도

암반의 강도는 다음과 같이 Hoek와 Brown이 제시한 경험식을 사용하여 추정할 수 있다.

$$\sigma_1 = \sigma_3 + \sqrt{m \cdot \sigma_c \cdot \sigma_3 + s \cdot \sigma_c^2} \tag{8.11}$$

위의 식에서 m과 s는 암반의 특성에 따라 결정되는 상수이며, σ_c는 무결암의 압축강도이다. 위의 식은 매우 신선한 암반, 또는 특정한 방향성을 나타내지 않는 불연속면들을 포함하는 암반에 적용할 수 있다. 표 8.16은 암반의 상태와 암종에 따른 m과 s의 범위를 나타낸다. 여기에서,

$$\tau = A \cdot \sigma_c \left\{ \frac{\sigma}{\sigma_c} - T \right\}^B, \quad T = \frac{1}{2}\left(m - \sqrt{m^2 + 4s}\right) \tag{8.12}$$

암반의 RMR 값은 이러한 상수들과 밀접하게 관련된다(표 8.16 참조). 굴착에 의한 암반의 교란이 비교적 적은 경우, m과 s는 다음의 식들로 계산된다.

$$m = m_i \exp\left[(RMR - 100)/28\right], \quad s = \exp\left[(RMR - 100)/9\right] \tag{8.13}$$

위의 식에서 m_i는 표 8.16과 같이 암종에 따라 결정된다. 한편, 암반사면이나 굴착에 의한 교란이 심한 암반에서는 다음의 식을 사용한다.

$$m = m_i \exp\left[(RMR - 100)/14\right], \quad s = \exp\left[(RMR - 100)/6\right] \tag{8.14}$$

표 8.16 암반의 상태와 암종에 따른 m과 s의 범위(Hoek and Bray, 1981)

	Carbonate rocks with well−developed crystal cleavage *Dolomite, limestone and marble*	Lithified argillaceous rocks *Mudstone, siltstone, shale and slate (normal to cleavage)*	Arenaceous rocks with strong crystals and poorly developed crystal cleavage *Sandstone and quartzite*	Fine grained polyminerallic igneous crystalline rocks *Andesite, dolerite, diabase and rhyolite*	Coarse grained polyminerallic igneous and metamorphic crystalline rocks *Amphybolite, gabbro, gneiss, norite and quartz−diorite*
Intact rock samples *Laboratory size specimens free from joints* $RMR = 100$ $Q = 500$	$m = 7.0$ $s = 1.0$ $A = 0.816$ $B = 0.658$ $T = -0.140$	$m = 10.0$ $s = 1.0$ $A = 0.918$ $B = 0.677$ $T = -0.099$	$m = 15.0$ $s = 1.0$ $A = 1.044$ $B = 0.692$ $T = -0.067$	$m = 17.0$ $s = 1.0$ $A = 1.086$ $B = 0.696$ $T = -0.059$	$m = 25.0$ $s = 1.0$ $A = 1.220$ $B = 0.705$ $T = -0.040$
Very good quality rock mass *Tightly interlocking undisturbed rock with unweathered joints at* $\pm 3m$ $RMR = 85$ $Q = 100$	$m = 3.5$ $s = 0.1$ $A = 0.651$ $B = 0.679$ $T = -0.028$	$m = 5.0$ $s = 0.1$ $A = 0.739$ $B = 0.692$ $T = -0.020$	$m = 7.5$ $s = 0.1$ $A = 0.848$ $B = 0.702$ $T = -0.013$	$m = 8.5$ $s = 0.1$ $A = 0.883$ $B = 0.705$ $T = -0.012$	$m = 12.5$ $s = 0.1$ $A = 0.998$ $B = 0.712$ $T = -0.008$
Good quality rock mass *Fresh to slightly weathered rock, slightly disturbed with joints at* 1 *to* 3m $RMR = 65$ $Q = 10$	$m = 0.7$ $s = 0.004$ $A = 0.369$ $B = 0.669$ $T = -0.006$	$m = 1.0$ $s = 0.004$ $A = 0.427$ $B = 0.683$ $T = -0.004$	$m = 1.5$ $s = 0.004$ $A = 0.501$ $B = 0.695$ $T = -0.003$	$m = 1.7$ $s = 0.004$ $A = 0.525$ $B = 0.698$ $T = -0.002$	$m = 2.5$ $s = 0.004$ $A = 0.603$ $B = 0.707$ $T = -0.002$
Fair quality rock mass *Several sets of moderately weathered joints spaced at* 0.3 *to* 1m $RMR = 44$ $Q = 1.0$	$m = 0.14$ $s = 0.0001$ $A = 0.198$ $B = 0.662$ $T = -0.0007$	$m = 0.20$ $s = 0.0001$ $A = 0.234$ $B = 0.675$ $T = -0.0005$	$m = 0.30$ $s = 0.0001$ $A = 0.280$ $B = 0.688$ $T = -0.0003$	$m = 0.34$ $s = 0.0001$ $A = 0.295$ $B = 0.691$ $T = -0.0003$	$m = 0.50$ $s = 0.0001$ $A = 0.346$ $B = 0.700$ $T = -0.0002$

Poor quality rock mass					
Numerous weathered joints at 30 to 500mm with some gouge-clean waste rock *RMR*= 23 *Q*= 0.1	$m=0.04$ $s=0.00001$ $A=0.115$ $B=0.646$ $T=-0.0002$	$m=0.05$ $s=0.00001$ $A=0.129$ $B=0.655$ $T=-0.0002$	$m=0.08$ $s=0.00001$ $A=0.162$ $B=0.672$ $T=-0.0001$	$m=0.09$ $s=0.00001$ $A=0.172$ $B=0.676$ $T=-0.0001$	$m=0.13$ $s=0.00001$ $A=0.203$ $B=0.686$ $T=-0.0001$
Very poor quality rock mass *Numerous heavily weathered joints spaced < 50mm with gouge-waste with fines* *RMR*= 3 *Q*= 0.01	$m=0.007$ $s=0$ $A=0.042$ $B=0.534$ $T=0$	$m=0.010$ $s=0$ $A=0.050$ $B=0.539$ $T=0$	$m=0.015$ $s=0$ $A=0.061$ $B=0.546$ $T=0$	$m=0.017$ $s=0$ $A=0.065$ $B=0.548$ $T=0$	$m=0.025$ $s=0$ $A=0.078$ $B=0.556$ $T=0$

09

지반조사

09 지반조사

지반조사는 지상이나 지하의 건축구조물, 도로, 철도 및 터널 등을 건설하기 위한 위치를 선정하고 대상 부지의 지질공학적 특성을 평가하기 위한 것이다. 또한, 공사기간 중 지반의 거동을 측정하거나 기존 건축구조물의 안전성 평가를 위한 자료의 수집도 지반조사의 범위에 포함된다.

9.1 지반조사의 단계

지반조사(site investigation)는 크게 예비조사와 현지조사, 그리고 실내 시험 등 세 단계로 나누어 진행된다(표 9.1). 예비조사란 대상 지역에 대한 기존의 자료들을 수집하는 단계로서, 이로부터 전체적인 세부조사의 계획이 수립된다. 현지조사, 또는 세부조사는 크게 지표 지질조사와 지하암반의 공학적 특성에 대한 조사로 나눌 수 있다. 마지막으로 실내 시험에서는 현지조사의 결과를 보완하기 위하여 토질 및 암석물성에 대한 시험을 수행한다. 이러한 지반조사의 단계를 거쳐 부지의 적합성에 대한 최종적인 판단이 이루어지고, 필요한 경우에는 부지나 설계의 변경이 이루어진다.

표 9.1 지반조사의 단계와 조사 범위

예비조사	자료조사	기존 자료의 수집, 정리 및 분석(지형도, 지질도, 수리학적 특성 등)
세부조사 (현지조사)	현지답사	지형, 지질·토질 분포, 기존 구조물의 상태 관찰
		지표 시료 채취
	지표조사	항공사진 촬영
		정밀 지형 측량
		지표 지질조사
	지하조사	사운딩(SPT, CPT, Vane 조사 등)
		물리탐사(굴절법 탄성파, 전기비저항 탐사, Geotomography 등)
		시추조사(Borehole camera, televiewer, BIPS 등)
		시험굴 조사
		원위치 시험(수압파쇄시험, 재하시험 등)
		현장지질조사(굴착 시 노출된 지반관찰 등)
실내 시험	토질시험	흙의 기본 물성, 입도분포, 강도정수, 압밀시험, 다짐, 투수시험 등
	암석시험	암석의 기본 물성, 강도정수, 탄성파 속도, 절리면 전단 시험 등
	기타	골재 활용성 평가, 수질분석, 절대연령 측정 등

9.2 예비조사

예비조사(reconnaissance survey)는 해당 지역의 지형이나 지질 분포 상태, 수리학적 환경 등에 대한 기존의 자료를 수집하는 단계이다. 이 단계에서는 지형도나 지질도, 항공사진 등의 기초 자료와 인근 지역에서 이전에 수행된 공사와 관련된 성과 자료 등을 수집한다. 이로부터 대상 지역의 지형 및 지질 특성을 파악하고, 세부조사의 체계적인 수행 계획과 조사 방법 및 범위 등을 결정한다.

9.2.1 지형도와 지질도

지형도는 해당 지역의 지형적 특징 등을 나타내고 있는 것으로서 모든 지반조사의 기초적인 자료이다. 1:50,000의 지형도가 기본이지만, 1:5,000이나 1:25,000의 지형도도 흔히 사용된다. 지형도에는 등고선으로 표시되는 지형뿐만 아니라, 행정 구분선과 도로나 철도, 하천, 그리고 주요 지형 지물의 분포 및 도편각이 포함된다.

지질도는 보통 1:50,000 축척을 사용하며, 지표에서 관찰되는 지표지질(즉, 암종)의 경계와 단층이나 절리의 분포 등 지질구조에 대한 정보가 포함되어 있다. 지질도에는 해당 지역의 대표적인 지질단면이 수록되어, 지하암반의 지질구조에 대한 자료를 제공한다. 지질단면은 시질도에 표시된 암종들 사이의 경계와 단층이나 절리의 주향 및 경사 등의 지질자료를 이용하여 작성한다. 그림 9.1은 지형도나 지질도에 사용되는 지질 기호들의 예이다.

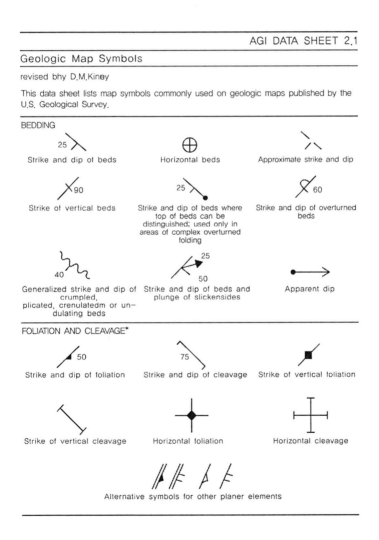

AGI DATA SHEET 2.1

Geologic Map Symbols

revised bhy D.M.Kiney

This data sheet lists map symbols commonly used on geologic maps published by the U.S. Geological Survey.

BEDDING

25 Strike and dip of beds

Horizontal beds

Approximate strike and dip

Strike of vertical beds 90

Strike and dip of beds where top of beds can be distinguished; used only in areas of complex overturned folding 25

Strike and dip of overturned beds 60

Generalized strike and dip of crumpled, plicated, crenulatedm or un-dulating beds 40

Strike and dip of beds and plunge of slickensides 25 50

Apparent dip

FOLIATION AND CLEAVAGE*

Strike and dip of foliation 50

Strike and dip of cleavage 75

Strike of vertical foliation

Strike of vertical cleavage

Horizontal foliation

Horizontal cleavage

Alternative symbols for other planer elements

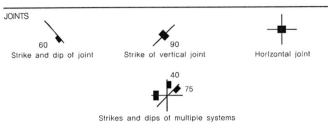

JOINTS

60
Strike and dip of joint

90
Strike of vertical joint

Horizontal joint

40   75
Strikes and dips of multiple systems

* The map explanation should always specify the kind of cleavage mapped

AG1-05-65

AGI DATA SHHET 2.2

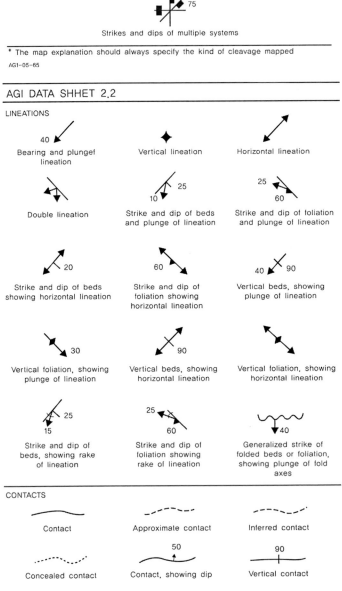

LINEATIONS

40
Bearing and plunget
lineation

Vertical lineation

Horizontal lineation

Double lineation

25
10
Strike and dip of beds
and plunge of lineation

25
60
Strike and dip of foliation
and plunge of lineation

20
Strike and dip of beds
showing horizontal lineation

60
Strike and dip of
foliation showing
horizontal lineation

40   90
Vertical beds, showing
plunge of lineation

30
Vertical foliation, showing
plunge of lineation

90
Vertical beds, showing
horizontal lineation

Vertical foliation, showing
horizontal lineation

25
15
Strike and dip of
beds, showing rake
of lineation

25
60
Strike and dip of
foliation showing
rake of lineation

40
Generalized strike of
folded beds or foliation,
showing plunge of fold
axes

CONTACTS

Contact

Approximate contact

Inferred contact

Concealed contact

50
Contact, showing dip

90
Vertical contact

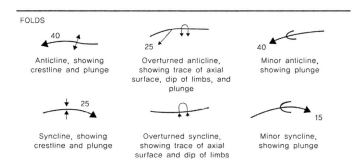

FOLDS

Anticline, showing
crestline and plunge

Overturned anticline,
showing trace of axial
surface, dip of limbs, and
plunge

Minor anticline,
showing plunge

Syncline, showing
crestline and plunge

Overturned syncline,
showing trace of axial
surface and dip of limbs

Minor syncline,
showing plunge

그림 9.1 지질도에 사용되는 기호(AGI, 1982)

9.2.2 공학 지질도

공학 지질도(engineering geological map, 또는 응용 지질도)는 해당 지역의 지질
및 지형, 그리고 수리 지질학적 환경을 포괄적으로 나타내고 있는 것으로서 일반
적으로 토목공사와 연관하여 작성된다. 공학 지질도는 지질도를 기초로 제작되며,
기반암의 분포 및 표토층의 두께, 산사태와 침식현상 및 카르스트(karst) 지형과 같
은 여러 가지 지질학적 상황을 나타낸다(그림 9.2). 또한, 지표수나 지하수에 관한
자료, 암석의 투수율 자료, 침수지역 및 온천, 습지의 위치와 같은 중요한 수리 지
질학적 자료 등이 포함된다. 공학 지질도의 축척은 작성 목적 및 지질환경에 따
라 다양하지만, 일반적으로 광역적인 계획 수립을 위한 경우에는 1:25,000 내지
1:50,000의 축척을 사용하고, 도시계획, 산업 시설물의 설계 및 대규모 토목공사의
경우에는 1:5,000의 축척을 사용한다.

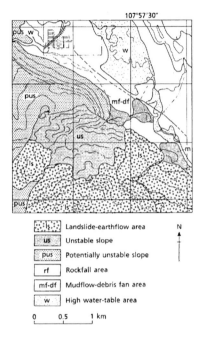

그림 9.2 공학 지질도의 예(Bell, 1993)

9.3 세부조사

세부조사는 예비조사 단계에서 수립된 계획에 따라 수행되며, 크게 지표조사와 지하탐사로 나눌 수 있다. 현지조사 단계에서는 지형이나 지질구조 및 수리학적인 자료들은 물론이며, 공사와 직접 관련된 지반의 공학적 특성에 대한 정밀조사가 이루어진다.

9.3.1 지표조사

지표조사는 조사 지역의 지형 및 지표지질에 대한 정밀조사로써 예비조사 단계에서 수집한 자료들을 확인하고 보완하기 위한 것이다. 지표조사는 지표 지질조사 및 지형 측량과 항공사진이나 인공위성 자료의 분석 등을 포함하는 원격탐사로 나눌 수 있다.

1) 지표 지질조사 및 지형 측량

지표 지질조사와 지형 측량은 조사 지역의 표토 및 암석의 분포 특성, 단층이나 습곡, 절리 등의 지질구조의 발달상태 등을 파악하여 정밀 지질도를 작성하고 지질 재해의 가능성을 검토하기 위하여 수행된다. 조사 자료에는 지질 단면도가 추가된다. 지표 지질조사에는 지반의 수리 지질학적 조건에 대한 조사가 포함되며, 1:50,000, 또는 1:2,500∼1:5,000 축척의 지형도를 기본으로 수행된다.

2) 원격탐사

넓은 의미에서 원격탐사(remote sensing)란 대상(object)에 대한 자료를 직접적인 접촉이 없이 획득하는 것을 말한다. 따라서 지구물리탐사도 원격탐사의 범위에 속할 수 있으나, 일반적으로 원격탐사는 항공기나 인공위성에서 촬영한 항공사진이나 Landsat 등의 화상 자료(image)를 통한 자료의 수집과 해석을 의미한다. 항공사진은 지표 지질조사를 보완할 수 있는 정보를 제공한다. 예를 들면 퇴적층의 분포나 산사태, 불연속면의 분포나 광역적인 선구조의 발달형태 등의 자료들을 제공한다.

9.3.2 지하조사

지하조사에서는 지반의 강도나 변형계수와 같은 역학적 특성, 지하수면의 위치나 투수율 등의 수리학적 특성, 표토층의 두께, 기반암의 종류, 또는 대규모 파쇄대의 분포와 같은 지질학적 특성 등에 대한 자료를 얻는다. 지하조사는 물리탐사, 시추조사 및 원위치 시험 등으로 구분할 수 있다.

1) 물리탐사

물리탐사는 지반의 물리적 특성에 따라 나타나는 현상을 해석하여 지질구조나 암반의 역학적 특성을 파악하기 위한 것이다. 예를 들어, 탄성파 탐사에서는 탄성파의 속도 및 진행 특성을 통해 암반의 탄성계수와 지하구조에 대한 정보를 얻는다. 최근에는 표토층이나 지표면 근처의 암반의 물성을 파악하기 위하여 Rayleigh wave나 Love wave 등의 표면파(surface wave)가 활용되기도 한다. 또한, 지하수면의 위치나 지하수의 통로가 되는 파쇄대의 위치를 찾아내기 위해서는 전기비저항 탐사가 적용된다. 물리탐사의 방법에는 여러 가지가 있으나 토목이나 건설현장과 관련된 지반조사에서는 흔히 굴절법 탄성파 탐사와 전기비저항 탐사가 수행된다.

굴절법 탄성파 탐사(Refraction Method)는 서로 다른 탄성파 전달 속도를 갖는 두 매질을 탄성파가 통과할 때 일어나는 파의 굴절현상을 이용한다. 그림 9.3과 같이 전달속도가 각각 v_1, $v_2 (v_1 < v_2)$인 두 매질의 경계면에 입사각이 i_i인 탄성파가 도달하면 새로운 매질에서는 굴절된 파가 진행하게 된다. 이때 굴절각을 i_r이라 하면 입사각과 굴절각 사이에는 다음과 같은 Snell의 법칙이 성립한다.

$$\sin i_i / \sin i_r = v_1 / v_2 \tag{9.1}$$

위 식에서 $\sin i_i = v_1 / v_2$인 경우에 굴절각은 90°가 되며, 탄성파는 두 매질 사이의 경계면을 따라 속도 v_2로 진행한다. 이때의 입사각을 임계각(critical angle, i_c)이라고 한다. 그림 9.4(a)와 같이 지표의 한 지점(source)에서 발생된 탄성파는 매질 중의 여러 경로를 따라 진행하는데, source에서 가까운 수신기에는 지표면을 따라 속도 v_1으로 진행한 파가 first arrival로 수신되지만 먼 곳에 위치한 수신기에는 매질 사이의 경계면을 따라 진행한 굴절파가 first arrival로 수신된다. 이때 source에서 수신기의 거리와 first arrival의 속도를 그래프로 나타내면 그림 9.4(b)와 같은 주시 곡선을 얻는다. 이 주시 곡선은 그림에서와 같이 두 개의 서로 다른 직선으로 분리할 수 있으며, 각 직선의 기울기는 두 매질에서의 탄성파 속도의 역수를 나타낸다.

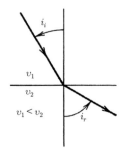

그림 9.3 매질 경계면에서 파의 굴절

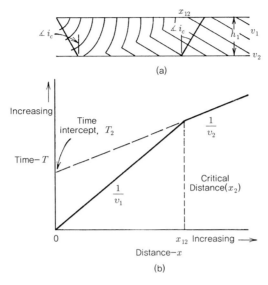

그림 9.4 탄성파의 진행과 주시 곡선

그림 9.4에서 x_{12}에 위치한 수신기에는 표면파와 굴절파가 동시에 first arrival로 포착된다. 따라서 매질의 두께 T는 다음과 같다.

$$T = \frac{x_{12}}{2} \cdot \sqrt{\frac{v_2 - v_1}{v_2 + v_1}} \tag{9.2}$$

지하로 갈수록 탄성파의 속도가 증가된 매질들이 존재하는 경우에는 굴절법을 이용하여 각 경계면들의 깊이를 계산한다. 매질 사이의 경계면이 경사를 이루고 있는 경우에는 그림 9.5와 같이 두 지점 사이에서 양방향으로 탐사를 진행하여 경계면의 경사를 구할 수 있다. 그림 9.6은 대표적인 암석들과 표토층에서의 탄성파 속도의 범위를 나타낸다.

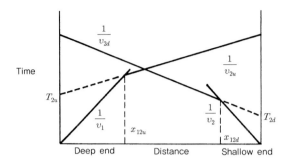

그림 9.5 경계면이 기울어진 지층에서의 주시 곡선 형태

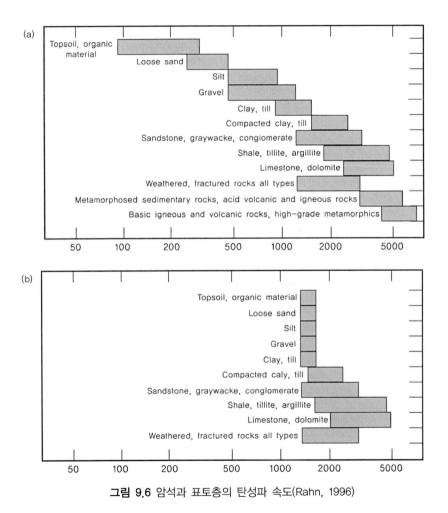

그림 9.6 암석과 표토층의 탄성파 속도(Rahn, 1996)

전기비저항 탐사에서는 토사나 암반의 전기적 성질, 특히 비저항의 변화로 지하 지질구조를 파악한다. 즉, 비저항 ρ을 갖는 매질 위에 배열된 두 전극 C_1과 C_2에 전류를 통과시켜서, P_1과 P_2 전극 사이에서 측정된 전위차(potential drop)로부터 매질의 비저항을 계산한다(Dobrin, 1960). 그림 9.7(a)의 Wenner 배열법에서는 전극들을 같은 간격 a로 배열하며, 지표면으로부터 a의 깊이에서 매질의 비서항 ρ는 다음과 같이 계산된다.

$$\rho = 2\pi a \cdot \frac{V}{I} \tag{9.3}$$

그림 9.7(b)의 Schlumberger 배열법에서는 전극 P_1과 P_2 사이의 간격 $2l$을 일정하게 유지하고 C_1과 C_2의 간격 $2L$을 변화시키면서 매질의 비저항을 측정한다. 이때, 지표면으로부터의 깊이 L에서 매질의 비저항은 다음과 같다.

$$\rho = \pi \cdot \left(\frac{L^2}{2l} \right) \cdot \frac{V}{I} \tag{9.4}$$

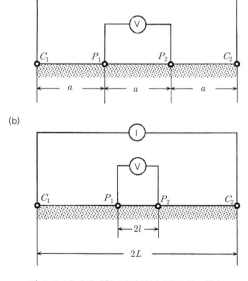

그림 9.7 전기비저항 탐사에서 전극의 배열

따라서 같은 위치에서 전극 사이의 간격 a, 혹은 L을 계속 증가시키면 하부 암반의 심도에 따른 비저항의 변화를 구할 수 있다. 이를 electrical drilling, 또는 sounding이라고 한다. 또는 배열 간격을 유지한 상태에서 일정 구간에 걸쳐 이동하면서 측정하면 심도 a, 또는 L에서의 비저항의 위치에 따른 변화를 측정할 수 있다. 이를 electrical trenching 또는 profiling이라고 한다.

일반적으로 암석의 비저항은 매우 크지만 공극에 포함된 지하수에 따라 현저하게 낮아진다. 즉, 암석의 공극률이 클수록, 또는 풍화가 상당히 진행된 암석일수록 낮은 비저항 값을 나타낸다. 또한, 지하수의 염도(salinity)나 오염의 정도에 따라 다양한 비저항 값을 나타내게 되므로 비저항 탐사는 주로 지하수면의 깊이나 오염의 정도를 측정하기 위하여 적용된다. 그림 9.8은 암석의 종류에 따른 대표적인 비저항의 범위를 나타낸 것이다.

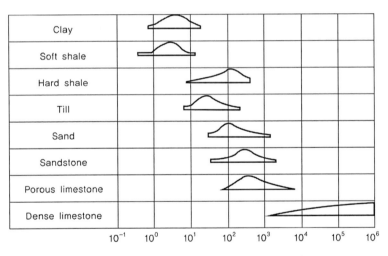

그림 9.8 대표적인 암석의 비저항(Todd, 1980)

지하의 지질 및 구조에 대한 정량적인 정보를 얻기 위해서는 지표 물리탐사만으로는 충분하지 못하다. 따라서 좀더 정확하고 체계적인 분석을 위해 도입된 시추공 물리탐사의 한 방법이 지오토모그래피(geotomography)이다. 시추공 물리탐사는 시추공 내에 설치한 송신원과 수신 장치로부터 지하구조에 대한 자료를 수집하는 것으로서, 시추공간(crosshole) 방식과 단일 시추공을 사용한 방식이 대표적이다. 단일 시추공 방식의 예는 시추공 텔레뷰어와 시추공 화상처리 시스템을 들 수 있다.

지오토모그래피는 한 시추공에서 발생한 신호를 다른 시추공에서 수신하며, 시추공 사이에 있는 지반의 물성변화나 지질구조에 대한 2차원 및 3차원적인 영상정보를 제공한다. 전달되는 신호의 종류에 따라 탄성파 토모그래피, 레이다 토모그래피, 전기비저항 토모그래피 등으로 구분된다.

2) 시추공 스캐닝

시추공 스캐닝(borehole scanning)은 물리 검층의 일종으로 시추공 내벽으로부터 절리나 파쇄대와 같은 불연속면에 대한 정보를 추출하는 방법을 총칭하는 것으로서, 초음파 주사(acoustic scanning), 디지털 카메라와 같은 광학, 또는 전기비저항 등을 이용한다. 시추공 스캐닝은 일반적인 코어 시추의 경우, 절리의 존재와 위치는 확인할 수 있으나, 방향성에 대한 정보를 획득할 수 없다는 단점을 보완한 방법으로 개발되었으며, 부가적으로 여러 정보를 얻을 수 있는 장점이 있다. 시추공 내벽에서 관찰된 불연속면의 주향과 경사를 분석하는 원리는 그림 9.9와 같다.

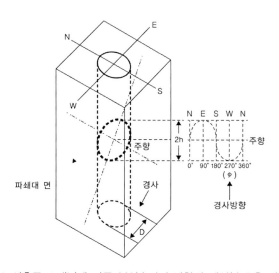

그림 9.9 시추공 스캐닝에 따른 불연속면의 방향성 해석(손호웅 외, 2000)

시추공 텔레뷰어(borehole televiewer, BHTV)는 발진기에서 나온 초음파 빔이 회전하는 거울에 반사된 후 공벽에 수직하게 방사되고, 공벽에 따라 다시 반사된 반사파를 다시 수신한다(그림 9.10). 획득되는 정보는 반사파의 진폭, 주시(travel time) 및 센서의 방향정보 등이며, 이중 진폭은 물과 암반으로 이루어진 복합매질의 반사계수로서, 암반의 물성과 직접 관련된다. 또한 절리 및 파쇄대의 발달상황, 암반의 상대적인 강도 등을 파악할 수 있다. 주시자료는 물의 탄성파 속도(약 1500 m/s)를 이용하여 거리로 환산하면 공경의 변화에 대한 자료가 얻을 수 있고, 공벽의 변형상태를 파악하고 지반의 응력 분포에 대한 정보를 얻을 수 있다. 센서의 방향정보는 불연속면의 방향성에 대한 정보를 제공한다.

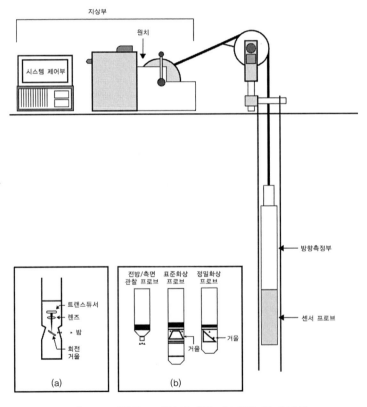

그림 9.10 시추공 스캐닝의 개략도(손호웅 외, 2000)

시추공 화상처리 시스템(borehole image processing system, BIPS)은 디지털 카메라를 사용하여 공벽에 대한 화상 자료를 획득한다. 시추공 텔레뷰어는 매질(즉, 공내수)을 통한 초음파의 전달속도를 이용하므로 공내수가 있는 경우에만 적용이 가능하지만, 시추공 화상처리 시스템은 공내수가 없는 경우에 더욱 뚜렷한 영상을 확인할 수 있다(그림 9.11).

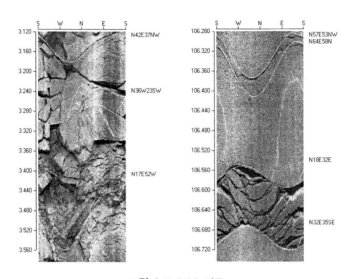

그림 9.11 BIPS 자료

3) 시추조사

시추조사는 가장 대표적인 지반조사의 방법으로서 지하에 분포하는 암석의 종류나 지층의 순서, 여러 가지 불연속면들의 분포에 대한 정보를 제공한다. 시추조사의 자료는 매우 국지적으로 시추공 주변의 암반에 대한 정보를 포괄적으로 제공하는 것은 아니다. 그러나 조사 지역에서 시추공의 수나 간격을 조절하여 지하 암반의 특성에 대하여 3차원적으로 해석할 수 있다. 시추조사의 목적은 주로 시추시료의 관찰에 따라 지반의 지질학적 특성을 파악하기 위한 것이지만, 표토나 암석시료를 채취하여 다음 단계인 실험실 조사에서 시료의 역학적인 특성을 파악하기 위한 경우가 많다.

시추조사를 통해 얻은 자료는 그림 9.12와 같은 시추 주상도를 사용하여 나타낸다. 시추 주상도는 심도에 따른 암종이나 암질의 변화를 나타내며, 시추과정에서 확인된 지하암반의 상태에 대한 상세한 기재가 이루어진다. 시추 주상도에는 육안 관찰에 따른 암종 및 암질, 파쇄대의 분포, 표준관입치(standard penetration number, *N*), 코어 회수율(total core recovery, TCR), 암질지수, 절리의 방향성 등에 대한 자료가 기록된다. 또한, 시추공의 위치나 시추심도, 시추장비, 지하수면의 위치 등에 대한 자료도 포함된다.

시 추 주 상 도
BOREHOLE LOG

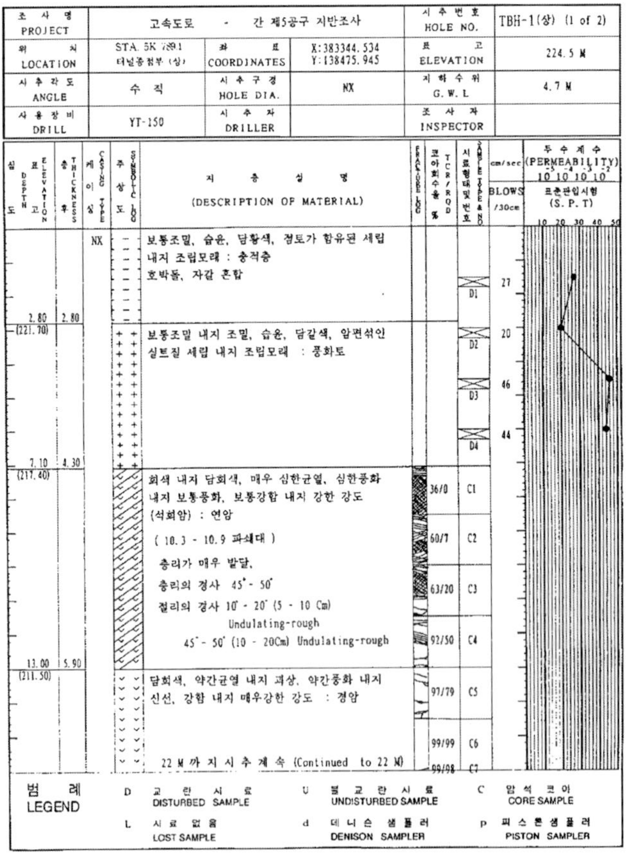

그림 9.12 시추 주상도

① 시추공의 깊이 : 시추공의 깊이는 구조물의 규모나 중요도, 그리고 지반조사를 하는 목적 등에 따라 결정된다. 예를 들면 건물의 기초를 위한 지반조사의 경우에는 견고한 기반암이 나타날 때까지 굴진하거나 구조물에 따라 영향을 받을 것으로 예상되는 심도까지 굴진한다. 댐 건설을 위한 지반조사에서는 물의 누수심도를 알아야 하므로 풍화대를 지나 암반까지 굴진하여야 하며, 터널 공사를 위한 조사에서는 터널의 깊이까지 깊게 굴진하는 것이 일반적이다.

② 시추공의 방향 : 지질탐사를 위한 시추에서는 지층의 순서나 지질구조 등에 의하여 시추공의 방향이 결정된다. 암반 기초의 경우에는 하중의 방향과 예상되는 지반침하의 형태 등을 고려하여 시추방향을 결정한다. 암반 내 지하수의 흐름에 대한 조사나 그라우팅(grouting) 작업의 성과를 확인하기 위한 경우, 시추의 방향은 불연속면에 수직 방향으로 진행되어야 한다.

③ 시추공의 수와 간격 : 시추조사에 필요한 시추공의 수와 간격은 구조물의 규모와 중요도 및 지반의 지질학적 조건이나 균질성 여부에 따라 결정된다. 일반적으로 시추공은 불규칙적으로 배치하는 것보다는 몇 개의 직선상으로 배열하는 것이 지질 단면도의 작성을 위해 바람직하다.

④ 시추의 종류 : 시추의 종류는 보통 시추방법에 따라 변위식 시추, 수세식 시추, 충격식 시추, 회전식 시추, 오거식 시추 등으로 분류할 수 있다. 각 시추방법의 특징과 굴진방법 및 용도는 표 9.2와 같다. 회전식 시추는 로드의 선단에 장착된 비트를 고속으로 회전하면서 가압함으로써 굴진하는 방법으로, 일반적으로 수세식과 병행한 회전 수세식으로 지반조사에 가장 많이 적용된다. 회전 수세식 시추는 토사에서 경암까지 적용범위가 넓고 굴진성능이 우수하다. 또한 공경이 균등하고 공벽이 평활하며 공저지반의 교란이 적으므로 시료채취 및 공내 원위치 시험이 필요한 경우에 적합하다. 특히, 암석 코어를 채취할 수 있으므로 암반조사에서 일반적으로 적용되는 시추방식이다. 암석 코어의 채취에는 그림 9.13과 같은 단관(single core barrel)이나 이중관(double core barrel)을 사용하며, 표 9.3은 내경 및 외경에 따른 비트의 종류를 나타낸다.

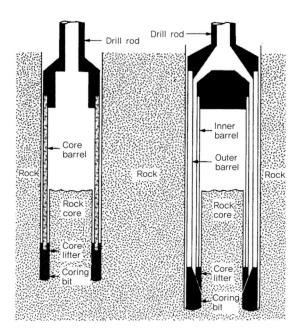

그림 9.13 Single and double core barrel(Das, 1984)

표 9.2 시추방식의 분류

시추 종류	특징	굴진 방법	지층 판정 방법	적용 토질	용도
변위식 시추 Displacement Boring	가장 단순한 시추로 케이싱을 하지 않음	선단을 폐쇄한 샘플러를 동적, 혹은 정적으로 관입, 샘플링 시는 선단을 개방하여 관입	관입량에 대한 타격수, 또는 압입하중 측정	공벽이 붕괴되지 않는 점성토 및 사질토	개략조사 및 정밀조사
수세식 시추 Wash Boring	장치가 간단하고 경제적	경량비트의 회전 및 시추수의 분사로 굴진. 슬라임은 순환수로 배제	관입 또는 비트 회전 저항, 순환배제토 확인	매우 연약한 점토 및 세립-중립 의 사질토	개략, 정밀, 보충조사 및 지하수 조사

충격식 시추 Percussion Boring	깊은 시추공법 중 가장 긴 역사를 가짐	중량 비트를 낙하하여 파쇄굴진. 슬라임은 베일러 또는 샌드펌프로 주기적으로 배제	굴진속도 또는 배제토. 일반적으로 지층경계 판정 곤란	토사 및 균열이 심한 암반, 연약점토 및 느슨한 사질토는 부적합	일반적인 지하수 개발, 전석, 자갈층의 관통, 불교란 시료의 채취에는 부적합
회전식 시추 Rotary Boring	굴착이수 사용, 지반교란이 적음, 코어채취가능, 신속	비트 회전으로 지반을 분쇄하여 굴진, 이수에 의한 공벽안정, 슬라임은 순환이수로 배제, 코어 채취 가능	굴진속도 또는 순환 배제토, 수동식의 경우는 레버 감각	토사 및 암반 등 거의 모든 지층	정밀, 보완조사, 암석 코어 채취에 최적, 지하수 관측에는 부적합
오거식 시추 Auger Boring	인력 및 기계방식, 가장 간편한 보링, 시료는 교란됨	오거를 회전하면서 지중에 압입굴진, 주기적으로 오거를 인발하여 샘플링	채취된 시료의 관찰	공벽 붕괴가 없는 지반, 연약하지 않은 점성토 및 점착성이 다소 있는 토사	얕은 지층의 개략·정밀조사, 동력식은 보충조사에 적합

표 9.3 케이싱 및 비트의 종류와 규격

구분	비트 규격(mm)		케이싱 규격(mm)		코어 직경(mm)
	내경	외경	내경	외경	
EX	21.5	37.7	41.3	46.0	20.2
AX	30.0	48.0	50.8	57.2	28.6
BX	42.0	59.9	65.1	73.0	41.3
NX	54.7	75.7	81.0	83.9	54.0
HX	68.3	98.4	104.8	114.3	67.5

⑤ 시료의 채취와 보존: 실험실 조사를 위하여 표토나 암석의 시료를 채취할 때는 가능한 한 시료가 교란되지 않도록 해야 한다. 또한 채취된 시료가 현지에서의 고유한 특성 및 물성을 최대한 유지할 수 있도록 적절한 조처가 이루어져야 한다. 특히, 점토질 암석과 같이 함수량의 변화에 따라 물리적 성질들이 변하기 쉬운 암석에 대해서는 채취 직후에 상세한 기술을 해두어야 한다.

4) 원위치 시험

실내 시험에서 사용하는 시험편들은 현지에서의 시료채취나 운반과정, 또는 시험 편 성형과정에서 교란되기 쉬우며, 시험조건을 현지지반의 조건과 동일하게 유지 할 수 없는 경우가 많다. 따라서 실내 시험에 의하여 측정된 토사나 암석의 물성은 현지 지반의 물성에 비해 차이를 나타내는 경우가 많다. 또한 표토층이나 암반층 은 일반적으로 불균질하고 이방성을 나타내는 경우가 많아서 제한된 수의 시험편 으로부터 측정한 물성들이 항상 대표성을 갖는 것은 아니다. 따라서 원위치 시험 (in situ test)은 지반조사에 매우 중요한 역할을 차지하고 있으며, 최근 들어 첨단 시험장비의 개발과 더불어 활용성이 점차 증가하고 있다.

원위치 조사에는 앞에서 언급한 물리검층 외에도, 토사층과 암반의 특성을 파악하 기 위한 표준 관입시험, 재하시험, 전단 시험이나 지반의 투수율을 측정하기 위한 현장 투수시험, 양수시험(pumping test), 수압시험(lugeon test) 등이 포함된다. 또 한 현지지반의 응력을 측정하기 위한 응력 개방법(over coring), 응력 보상법 및 수압 파쇄법 등도 원위치 시험에 속한다. 원위치 시험을 시험목적에 따라 구분하 면 다음의 표 9.4와 같다.

표 9.4 원위치 시험의 종류

구분	토질시험	암반시험	시험 목적
기본 물성	감마선 검층	감마선 검층	밀도, 습도, 암종, RQD, fracture index, 굴착 난이도
	중성자 검층	중성자 검층	
		시추조사	
		탄성파 탐사	
수리학적 특성	정수위 시험	정수위 시험	투수계수
	수위강하 / 회복시험	수위강하 / 회복시험	
	양수시험	양수시험	
		수압시험	
전단강도	베인 전단 시험	직접전단시험	점토의 비배수 전단강도, 전단강도계수(c, φ), 취약면의 전단강도계수
	Pocket penetrometer	압축 시험	
	Torvane	Dilatometer / Goodman Jack	
	표준 / 콘 관입시험		
	Pressuremeter		

		Dilatometer / Goodman Jack	
변형계수	Pressuremeter		지반반력계수, 변형계수 및 지반지지력 계산
	평판 재하시험	심층재하 시험	
	수평말뚝 재하시험	Plate-Jack Test	
	심층 재하시험	Flat-Jack Test	
		Radial Jacking Test	
		삼축압축시험	
동적특성	탄성파 시험	탄성파 시험	P파 및 S파의 속도로부 터 동탄성 계수 측정
	진동 측정	진동 측정	

9.4 실내 시험

실내 시험은 주로 원위치 시험에 의하여 파악된 현지 지반의 역학적 특성에 대한 보완자료를 제공한다. 실내 시험은 한국공업규격(KSF)에 제시된 시험방법에 따라 수행되어야 하나, 필요한 경우에는 국제적으로 인정된 시험방법(ASTM, ISRM, BS 등)을 따를 수도 있다.

암석이나 흙의 물성은 특히 함수비에 크게 좌우되므로 가능하면 현지 함수비를 유지한 상태에서 실험이 이루어져야 한다. 또한, 실내 암석실험은 지층의 방향이나 광물배열에 따른 이방성이나 취약면의 존재 등을 고려하여야 한다. 일반적인 실내 암석시험 결과표에는 다음과 같은 내용들이 포함된다.

① 풍화의 여러 단계에 따른 현지 암석의 강도 특성(암석의 강도와 점착력, 내부 마찰각, 경도, 그 밖의 암석 물성들과 암석의 광물학적인 변질의 정도 사이의 관계에 대한 이해는 암반의 물성을 파악하는 데 필수적이다)

② 풍화의 정도에 따른 암석 변형 특성의 변화, 특히 단기 및 장기재하(lond time loading)의 영향

③ 풍화의 정도에 따른 탄성파 전달속도의 변화

④ 암석의 비중, 공극률, 함수율 및 기타 물성

⑤ 암석 강도 및 변형률에서의 이방성

10

지질공학적 현상과 응용

10 지질공학적 현상과 응용

10.1 석재와 골재

10.1.1 석재

석재는 건설공사나 건축공사 시 재료로 사용되는 암석을 의미한다. 석재는 일정한 강도가 요구되며, 미세균열이나 파괴면이 적게 포함되어야 하므로(그림 10.1), 이에 대한 시험규격을 국가별로 정해 두고 사용하고 있다. 한국에서는 KS 규격에 따라 석재의 품질시험을 정해 두고 있다. 규격 석재(dimension stone)는 건축물에 사용되거나 내외장용 미관을 위해 사용되는 것을 포함한다. 이에 비해 방호용 석재는 바다나 호수 등에서 파도의 영행을 줄이기 위한 것으로 잡석을 사용한다. 이러한 방파제용 잡석은 파도의 힘을 견디기 위해 무게가 우선적으로 중요하며, 대개 1 ~ 10톤 정도가 사용되나 파도가 심한 지역의 경우 20톤짜리 잡석이 사용되기도 한다. 파도의 힘에 대항하여 잡석끼리 서로 얽힐 수 있도록 하기 위해서는 잡석의 모양도 중요한 경우가 있다(그림 10.2).

그림 10.1 규격 석재용 화강암 채석장(경기도 연천)

그림 10.2 파도에 의한 침식을 방지하기 위한 방호용 석재의 사용(미국 밀워키)

10.1.2 골재

골재는 건설공사 시 사용되는 자갈, 모래 등을 의미하는 것으로 석재와 마찬가지로 시험규격을 국가별로 정해 두고 사용하고 있다.

콘크리트의 사용이 늘어나면서 알칼리 골새 반응의 문제가 보고되고 있다(콘크리트 부피의 75% 정도를 골재가 차지). 알칼리 골재 반응은 콘크리트 속의 Na_2O, K_2O에 따라 K+, Na+이 수분이 있는 상태에서 암석 속의 반응성 실리카와 결합하여 알카리 규산염 겔 등을 생성한다. 겔은 주변의 물을 흡수하여 팽창하기 때문에 결국 균열을 만들게 되고 콘크리트의 품질을 떨어뜨리게 된다. 예를 들어 저알카리 시멘트(Na_2O, K_2O 0.6% 이하)를 사용하지 않는 한, 단백석(opal) 0.25%(질량비) 이상, 옥수(chalcedony) 5%(질량비) 이상이면 반응이 일어날 수 있다. 보다 정확하게는 골재의 반응시험을 통해 알칼리 골재반응에 대한 품질을 결정하게 된다.

10.1.3 석조 문화재 보존

석재가 사용되는 건축물 중 과거부터 보존되어 온 석조 문화재는 현재의 공학적 안정성, 장기적인 풍화 내구성 등을 고려하여 보존대책을 강구할 필요가 있다. 화학적 풍화로 인한 변색(그림 10.3), 지반진동(발파진동, 지하철 진동 등)으로 인한 구조적 불안정성, 절리발달로 인한 사면 불안정성(그림 10.4), 식물에 따른 영향(그림 10.5) 등 다양한 문제들이 존재하고 있다. 국내의 경우 사계절이 뚜렷하기 때문에 12~3월에 걸쳐 동결−융해 작용에 따른 암석의 균열 현상이 관찰되며, 7~8월 중에는 집중 호우와 같은 기상 현상으로 암석이 박리되고 이탈하는 물리적 풍화 현상이 발생한다. 수분의 경우 암석의 외부 공극을 통해 내부로 침투하고, 지표면과 접촉된 암석은 암석의 내부 공극을 통해 침투한다. 풍화가 진행된 암석의 강도 향상을 위해서는 경화처리뿐만 아니라, 강도가 향상된 암석의 수분에 대한 영향을 극소화시키기 위해 방수처리를 같이 수행해야 하는 경우도 있다.

그림 10.3 화학적 풍화로 인한 암석의 변색(수원 화성)

그림 10.4 절리의 발달로 인한 전도 파괴의 위험성(경주 남산)

(a) 적색 사암으로 만들어진 캄보디아 앙코르와트 사원

(b) 거대한 나무가 석조물을 포획한 상태

그림 10.5 석조 문화재와 나무의 성장

10.2 산사태와 지반침하

10.2.1 산사태

산사태는 지구 표면에 있는 암석, 흙 등의 물질 덩어리들이 중력을 통해 움직이는 것을 가리키는 것으로 강에서와 같은 물의 흐름에 따라 덩어리가 운반되는 하성작

용과는 구분된다. 산사태는 자연적으로 발생하기도 하고 건설공사나 자원개발과 같이 발생하는 경우도 있는데 재산피해, 인명피해를 가져올 때가 있다(그림 10.6).

그림 10.6 산사태로 인한 도로의 피해(미국 캘리포니아 북부)

1) 산사태의 분류

기하학적인 형태에 따른 분류는 붕락되는 사면의 모양에 따라 나누는 방법이다. 암석으로 이루어진 사면에서는 주로 층상 절리면을 따라 이루어지는 평면파괴 (plane failure), 두 개의 절리면이 만나 이루어지는 쐐기형 파괴(wedge failure), 절리면에 의해 형성된 암괴 덩어리가 떨어지는 전도파괴(toppling failure) 등이 있다 (그림 10.7). 이들은 암반사면에만 국한된 것은 아니며, 단단한 덩어리가 된 흙 사면에서도 유사한 형태가 나타난다.

수분함량에 따라서 특히 흙의 공학적 거동이 변하므로 수분함량을 기준으로 산사태를 분류할 수 있다. 수분함량이 높은 경우, 흙은 부유 상태로 하나의 덩어리로 흘러내리며, 수분함량이 낮을수록 미끄러짐 운동의 형태로 발생된다(그림 10.8).

공극수압에 따른 분류는 흙의 배수조건을 기준으로 한다. 기초공사 때의 경우처럼 비배수 상태 조건에서 투수율이 낮은 점토에 대한 채굴 작업을 할 때 단기적인 산사태가 발생되고, 부분적 배수가 행해진 곳은 약간 더 시간을 두고 산사태가 발생된다. 완전배수 상태에서는 상대적으로 장기화된 산사태가 발생한다.

그림 10.7 수직 절리의 발달로 인해 전도파괴의 위험성이 있는 암반사면

그림 10.8 강우로 촉발된 흙의 유동으로 발생한 산사태(경주 기림사 부근)

흙 사면의 경우 흙의 강도 특성과 관련하여 2가지로 구분한다. '최초 산사태'는 과거에 단 한 번도 전단작용을 받지 않은 흙이 최대 강도치에 이르는 전단응력을 받을 때 일어난다. '재활동 산사태'는 이전에 산사태가 일어난 면이나 과거의 지각활동과 더불어 생긴 면이 잔류 강도치에 이르는 전단응력을 받을 때 일어난다.

2) 산사태의 진행과정

자연 산사태는 산이나 언덕에서 경사를 이루는 면이 존재하고 이 면이 불안정한 상태가 되어 발생하는 경우를 가리킨다. 우리나라의 경우 여름철 집중호우로 자연 산사태가 발생하는 경우가 빈번하다. 또한 절취사면에서의 산사태는 아파트, 빌딩 등의 건축부지 확보나 도로 주변부 절개 시 인공 절취사면이 불안정하게 형성되어 발생하기도 한다.

암석이나 흙은 무너지지 않은 상태로 자립할 수 있는 경사각을 가진다. 점토로 이루어진 흙 사면은 경사각이 10° 이상이면 불안정해진다. 강도가 절리면의 발달이 적은 암반의 경우 보통 높이 100m 정도의 수직사면으로 존재하기도 한다(예 : 미국 요세미티 국립공원 내부의 하프돔에 있는 700m의 수직 화강암 사면, 그림 10.9, 영국 서쎅스 지방의 비취헤드에 있는 150m의 수직 초크 사면). 암반 내에 절리면, 층리면, 단층면 등의 불연속면이 존재할 경우 사면은 더 불안정해질 수 있다. 심하게 파쇄된 암반이나 좁은 간격의 층리가 발달한 경우 20 ~ 40° 정도까지만 사면을 안정하게 유지할 수 있다. 만약 절리면에 점토가 충진되어 있으면 안정한 경사각은 20° 이하로 줄어든다. 즉, 산사태는 지질학적인 요소에 따라 안정성이 크게 좌우되는 것을 알 수 있다.

불안정한 상태에 있는 사면은 몇몇 요인들로 인해 산사태가 일어난다. 가장 대표적인 단일촉발 요인으로는 지표면 아래로 흐르고 있는 지하수를 들 수 있다. 강우나 눈이 녹은 물로 인해 사면 하부의 지하수면이 상승하거나 수압자체가 상승할 경우 수분흡수로 인한 흙이나 암석의 자중 증가, 유효응력의 감소로 인한 전단력 감소, 암반 절리면의 수압과 흙의 공극압의 변화 등에 영향을 끼치면서 사면의 불안정을 야기한다. 지하수가 촉발 원인을 제공하는 산사태 지역의 경우 배수를 조절하면 효과적으로 사면을 안정시킬 수 있다. 암석이나 흙 속으로 물이 침투할 경우 장기적으로는 풍화작용을 활발하게 만들어 불안정한 요인이 되기도 한다. 미국 로스앤젤레스 근처에서 발생한 포루투기즈 밴드 산사태의 경우 1년 중 폭우와 강우의 영향을 동시에 받아 6°의 경사각을 가진 셰일 사면의 이동이 1956년 이후 느린 속도로 진행되었다. 이후 40m 정도 이동한 후 발생하여 100채가 넘는 주택과 해안도로를 파괴시켰다.

그림 10.9 안정된 수직 상태로 유지되는 암반 사면(미국 요세미티 국립공원)

겨울철에 물이 얼면 부피가 팽창하여 암반의 절리면에 압력을 작용하여 사면 불안정을 야기하기도 한다. 알프스 지역, 우리나라 등에서 특히 봄철 해빙기에 전도파괴 등이 발생하는 것은 이런 기작에 따른 것들이 많다.

1963년 발생한 이탈리아의 바욘트 댐 사면 붕괴는 무려 2,043명의 사망자를 발생시킨 대형사고로 물에 의해 촉발된 산사태이다. 집중호우와 저수댐의 수위 상승으로 인해 사면 하부의 지하수위가 상승하게 되고 사면에 발달한 층리면과 단층면으로 경계가 된 쐐기 부분이 20 ~ 30m/sec의 속도로 400m 가량 이동하여 저수된 물에 잠기면서 파도를 유발한다(댐은 파괴되지 않음). 이 산사태는 댐을 넘어선 파도가 하류 지역에 홍수를 유발하면서 엄청난 인명피해를 발생시켰다.

점토는 사면을 이루는 물질 중 가장 강도가 낮고 가장 불안정하다. 교란되지 않은 점토의 경우 점착력, 공극수의 흡입력 등이 존재하고 최대 강도치를 잃지 않고 있으므로 일시적으로 경사가 급한 사면의 형태를 유지한다. 시간이 지남에 따라 점토사면에는 포행현상(creep)이 나타나고 점토입자들은 재배열되어 결국 내부 마찰력이 감소되고 점착력은 없어져 액체처럼 이동하게 된다. 우리가 자연에서 관찰하는 점토사면의 장기적인 안정성은 일반적으로 내부 마찰각에 따라 좌우된다. 물로 포화된 점토입자들의 하중은 1/2 정도만 공극수로 전달되므로 결국 사면은 잔류 마찰각의 1/2에 해당하는 범위에서는 안정한 상태이다. 영국의 런던 점토는 잔류 마찰각이 20° 정도이므로 사면의 경사각이 10° 미만이어야 안정한 것으로 알려져 있다.

사면의 불안정을 촉발하는 다른 요인으로는 사면 하단부 물질 제거, 사면 상부의 하중 증가, 풍화에 의한 암석의 강도 저하, 점동 현상에 따라 흙 강도의 저하, 과중한 교통량에 따른 인공적 진동, 지진 등이 있다. 자연 상태로 안정적인 사면인 경우에도 강의 흐름이나 바다의 파도에 따른 침식작용으로 사면 하단부가 제거되면 불안정한 사면으로 바뀌므로 물이 흐르는 경로를 인위적으로 변경시킬 경우 이에 대한 사전 조사가 필요하다.

3) 산사태의 진행 속도

연약한 점토나 연성을 가진 암석으로 이루어진 사면, 재활동 사면 등은 사면의 파괴속도가 매우 느리다. 예를 들어, 미국 유타주 씨슬 산사태는 2주간에 걸쳐 시속 1m 이하로 진행되었다. 취성을 지닌 암석은 대개 과거의 지질과정을 거치는 동안 전단작용이나 파쇄작용을 많이 받아 사면파괴가 빠르게 일어난다. 미국 매디슨 산사태의 경우처럼 시속 100km 이상으로 나타나기도 한다. 이러한 두 가지 극단적인 속도 이외에 반복적으로 파괴되는 경우도 있다. 즉, 사면 하부 끝부분이 침식되면 산사태가 발생한 뒤 다시 안정되었다가 시간이 흐르면 다시 침식과 산사태의 과정을 반복한다. 영국의 맘 토르 산사태는 날씨가 좋은 여름에는 안정적이고, 비가 자주 오는 겨울에는 사면의 이동이 발생하는 반복적 산사태에 해당한다(그림 10.10).

그림 10.10 우기마다 발생하는 산사태로 인한 도로 파괴(영국 맘 토르)

4) 사면 위험성 조사

사암이나 역암이 기반암인 곳에서는 절취면과 평행하게 발달한 층상 절리가 문제
가 되기도 한다. 기반암이 셰일인 곳에 사암이 함께 있는 경우 풍화에 약한 셰일은
흙으로 풍화되어 있고 상대적으로 풍화에 강한 사암은 블록의 형태로 남아 굴러
떨어질 수 있는 위험이 있다. 풍화에 약한 셰일과 이암이 존재하는 곳에서는 대규
모 산사태가 발생할 수 있으므로 가급적 이런 지역을 건설부지로 삼지 않는 것이
좋다. 화성암 중 관입암의 경우 대개 주위에서 핵석이 발견된다. 핵석을 유지시키
는 마사토의 제거, 하부토양의 침식, 지진, 집중호우, 시공 작업 등으로 인해 핵석
이 굴러 내릴 위험이 존재한다. 화강암 지대에서는 잔류토사와 마사토가 주로 계
곡면 직하부, 암사면 중에 존재한다. 보통 비포화 상태이지만 비가 올 경우 산사태
를 일으킬 수 있다. 주상 절리가 발달한 지대에서는 전도파괴가 발생할 수 있다.
따라서 사면의 위험성 조사 시 절리면, 층리면, 단층면의 존재 유무뿐만 아니라 방
향성, 규모 등에 대한 지질공학적 조사가 필요하다.

5) 사면 안정화 대책

불안정한 사면에 대한 원인 분석과 위험성 분석이 완료되면 안전율을 높이기 위한 대책을 세우고 안정화 공사를 추진한다(그림 10.11, 10.12). 사면의 모양을 바꾸는 방법(경사각 완화, 소단 구성, 절취면 방향 변화 등), 지지 및 보강하는 방법(록볼트 시공, 앵커공 설치, 네일링 시공, 옹벽 시공, 돌망태 시공 등), 지반 및 배수조건을 개선하는 방법(배수 파이프 설치 등) 등으로 나눌 수 있다.

그림 10.11 돌망태 공법 등의 사면 안정화 대책

그림 10.12 펜스 설치에 따른 일시적인 사면 대책

10.2.2 지반침하

지반침하는 과거 채굴이 이루어진 광산지역의 지하갱도 붕괴에 따른 광산 지반침하, 자연 상태의 석회암 동굴이나 현무암 용암동굴의 붕괴에 따른 동굴침하, 흙의 수축이나 압밀에 따른 침하 등이 있다.

석회암의 용식동굴은 이산화탄소가 용해된 지하수에 의해 석회암이 서서히 용해되어 불규칙적인 모양으로 형성된다. 용식동굴의 분포는 동굴의 크기, 방향이나 위치에 있어 특별히 예측할 수 있는 방법이 없을 정도로 불규칙하게 형성되어 지질공학적 지반조사 시 가장 파악하기 어려운 부분이다. 석회암 용식동굴은 수평 방향뿐만 아니라 수직 방향으로도 발달하고 있다.

현무암 용암동굴은 분출된 용암의 표면이 먼저 식은 상태에서 안쪽의 용암이 흘러내려 형성된다. 따라서 일반적인 용암동굴의 방향은 용암분출이 이루어진 화구로부터 방사상 방향으로 발달하고 있다. 용암동굴 형성 후 이후 단계의 용암분출에서 또 다른 용암동굴이 윗부분에 형성되기도 하고, 서로 함몰되어 연결이 되기도 한다.

광산지역의 지하갱도가 갑작스럽게 또는 점진적으로 무너지는 경우 지반침하가 발생하게 된다. 가행 중인 광산에서도 발생하기도 하고, 폐갱도 상부 지반이 파괴되면서 지표면의 침하가 발생하기도 한다(그림 10.13). 광산 지반침하를 조사하기 위해서는 기존 갱도의 위치를 나타내는 도면을 확보해야 하며, 또한 물리탐사, 시추조사와 같은 지하조사 기법을 사용해야 한다.

흙의 침하는 유럽, 미국 등에서는 자주 나타나는 현상이지만 한국의 경우 흙의 발달이 적고, 상대적으로 안정적인 암반층이 국토의 대부분을 이루고 있어 침하문제가 적은 편이다. 다만, 퇴적층으로 이루어진 인천공항 일대, 김해지역 등에서는 침하가 진행 중인 경우도 있다. 또한 인공 매립지의 경우 매립 당시 충분한 압밀이 이루어지지 않을 경우 흙의 침하가 발생할 수 있다. 경남 마산의 경우 바다를 매립한 지역에 건설된 건물이 기우는 사례가 보고되었다.

그림 10.13 폐갱도 상부의 지반침하

동굴이나 갱도로 인한 침하의 경우 그라우팅 등으로 공동을 메우거나 공동 상부를 포함하는 지역에 콘크리트 슬라브를 시공하여 침하를 방지하는 등의 공법을 적용하고 있다. 침하가 발생하는 흙의 경우 사전 압밀 공법, 배수 공법 등을 이용하여 흙의 압밀을 촉진시켜 이후의 침하 발생을 억제하는 공법을 적용하고 있다.

10.3 지질공학과 건설공사

여러 건설공사 과정 중이나 건설공사 후 지질조건과 관련된 많은 사고 사례가 보고되고 있다. 이중 몇 가지를 선택하여 지질공학의 중요성을 강조하고자 한다.

1) 이탈리아의 바욘트 댐 산사태

바욘트 댐은 댐 자체가 붕괴된 사건은 아니다. 건설된 이후 다량의 강우로 인해 수위가 증가되고 이로 인해 인근 사면의 지하수위 상승으로 산사태가 발생하여 댐 수면의 큰 물결을 일으켰다. 큰 물결은 댐을 넘어서서(댐은 파괴되지 않음) 댐 하류지역을 휩쓸게되어 대규모의 홍수 피해를 유발하였다(인명피해 2,043명). 당시의 기록들을 살펴보면 과거에도 일부 댐 사면에서 적은 규모의 산사태가 발생한 적이 있었다. 댐 수면의 상승이 과거 산사태 지역의 지하수면을 상승시켜 지반을 포화시키고 불안정하게 만든 것이 원인이었다.

2) 영국 웨일즈 아버판 산사태

웨일즈의 광산지역의 야적장에서 발생한 산사태로 인근의 초등학교를 덮쳐 인명피해가 컸다. 산사태 발생 이후 조사 결과 광산 야적장의 위치를 잘못 선정한 것이 주원인이었다. 지하수면이 노출된 산사면에서는 조그만 샘이 흐르고 있었는데, 이를 무시하고 계속 야적시켜 불안정한 사면을 형성한 것이 엄청난 산사태를 가져오게 된 것이다. 흙 사면의 파괴에서 지하수의 중요성이 부각된 사건이었다.

3) 미국 캘리포니아의 라 콘치타 산사태

2005년 1월 10일 평년 기록보다 많은 강우로 인해 풍화된 퇴적지층이 물로 포화되면서 인명피해(10명)와 재산피해(36채 가옥 파괴 및 도로 불통 등)를 발생시킨 산사태이다(그림 10.14). 과거에도 산사태가 발생한 지역이지만 주택단지는 과거 산사태의 파괴물질 위에 건설되어 있었으므로 더 피해가 컸다. 2005년의 산사태로 인해 캘리포니아 남북을 잇는 주요 해안도로인 101번 고속도로와 열차선로가 수일 동안 불통되어 인근의 작은 도시인 산타바바라의 경우 타 지역으로부터의 생필품 조달의 위기가 발생할 뻔하였다. 산사태 발생 직후 대책반은 일부 파괴 지역에 대해 말뚝을 설치하여 다시 발생할 수도 있는 붕괴를 방치하고자 하였다. 주민 이주를 추진하고 있으나 보상에 대한 지역 주민들의 반발로 여전히 산사태의 위험을 그대로 안고 있다. 원래 이 지역은 1995년에도 산사태가 발생한 지역이고, 조사 결과 200m 높이의 급사면 아래 형성된 마을 자체는 과거 산사태로 인한 붕괴 토사층 상부에 놓인 것으로 밝혀졌다.

그림 10.14 미국 캘리포니아 라 콘치타 산사태

4) 미국 캘리포니아의 해안사면 침식

미국 캘리포니아 대학 산타바바라 캠퍼스의 후문 근처인 아일라 비스타 지역의 해변에서는 계속되는 파도의 침식작용으로 인해 퇴적층의 유실이 일어나고 사면의 붕괴가 연속적으로 이루어지고 있다. 따라서 원래 해안절벽 사면으로부터 떨어져 건설된 주택 중 일부는 이미 해안절벽 사면에 노출되어 있다(그림 10.15). 인근의 일부 해변에서는 침식방지 시설을 설치하여 해안 절벽사면의 추가 침식을 효과적으로 방지하고 있다(그림 10.16).

그림 10.15 해안침식으로 인한 사면 불안정성(미국 산타바바라)

그림 10.16 해안침식 방지 시설(미국 산타바바라)

5) 제주도 송악산 인근 서귀포 해안사면의 장기적 안정성

위에서 언급한 캘리포니아 해안과는 달리 제주도의 지반은 상대적으로 강한 현무암 및 퇴적층으로 이루어져 있어 침식속도가 훨씬 적은 편이다. 해안을 관찰해보면 과거 절벽면으로부터 떨어진 것으로 보이는 바위 덩어리들이 발견되고 있다. 따라서 침식속도를 측정하여 장기적으로 침식방지를 위한 대책을 세우거나 지표면의 시설물을 후방으로 옮기는 등의 조치가 필요할 것이다(그림 10.17).

그림 10.17 해안침식으로 인한 사면의 불안정(제주도 송악산 인근 서귀포 해안)

6) 점토성 지반에서 발생한 멕시코시티 건물의 침하현상

대표적인 사례로 멕시코시티의 팰리스 오브 화인 아츠 건물의 경우(두께 2 ~ 3m 의 콘크리트 매트 위에 만들어진 석재 건축물) 1904년 공사를 시작한 이래 4년 만에 이미 1.65m 침하가 발생하였다. 1950년경에는 주변 도로변보다 3m 하부로까지 침하가 발생하였다(침하속도: 35mm/년). 초기의 침하를 억제하기 위해 강널말뚝을 시공하였으나 침하는 방지되지 않았고, 이후 시도된 그라우팅 공법도 오히려 자중만 증가시켜 침하를 가속화시키는 결과만 낳았다. 이와는 대조적으로 인근의 라티노 아메리카나 타워 빌딩(높이 140m)은 지반침하를 방지한 성공적인 시공사례이다. 심도 33m까지 선단지지 말뚝이 사용되었고 일부 점토가 250mm 정도 침하되는 현상만 나타났다. 주변 지역은 배수 작업에 따라 유사 침하량을 유도하여 침하로 인한 별다른 피해는 발생하지 않았다.

7) 피사 사탑의 부등침하

점토, 실트, 모래 등의 층이 교대층을 이루는 지반 위에 건축물로 인한 자중으로 발생한 침하 사례이다. 피사 사탑은 높이 58m의 대리석 사탑으로 기초는 토사지반에 2m 심도로 시공되었다. 초기 시공은 1174년부터 1370년 사이에 이루어졌고 이후 수차례에 걸친 공사가 진행되었다. 각 단계별 공사 시 하중으로 전체 침하가 발생하였고 공사 중 부등침하는 이미 시작된 것으로 밝혀지고 있다. 부등침하는 점점 가속되는 것으로 분석되어 결국 침하량을 줄일 수 있는 대책 공법의 필요성이 제기되었다. 부등침하를 줄이기 위한 방법으로 (i) 북쪽 부분에 납덩어리에 따른 하중 부가로 침하 유도, (ii) 북쪽 지반에 언더피닝 공법으로 침하 유도 등의 대안을 두고 모니터링과 함께 시도한 결과 하중 추가의 효과는 일부 관찰되었으나 더 이상의 하중증가는 구조물의 균열 위험성 때문에 한계성이 있었다. 따라서 언더피닝 공법으로 인공침하를 유도시켰다. 이를 위해 지름 180mm, 220mm 두 개의 케이싱이 사용되었고, 제거할 토사 부분은 0.5m 선단 오거링 및 180mm 케이싱, 케이싱 제거, 공동 발생 및 인공함몰 발생 등의 순서로 공정이 이루어져 침하가 유도되었다.

8) 트랜스 알라스카 파이프라인

1968년 미국 알라스카 북부에서 석유가 발견되었으나 극지대의 추운 기후 때문에 유조선의 접근성이 문제가 되었다. 석유의 운송에 대한 대안으로 알라스카의 북부에서 남부로 가로지르는 파이프를 건설하여 운송하는 방법이 제안된 이후 1,300km의 파이프라인을 건설하여 현재까지 성공적으로 운용되고 있다.

지름 48인치 파이프를 통해 65°C인 석유가 운송되려면 영구 빙토 지역의 지반을 녹여 지반침하 등의 문제가 발생하여 파이프가 파괴될 수 있는 문제점이 대두되었다. 따라서 610km 구간은 지반에 설치된 말뚝기둥 위를 지나도록 하고, 지반조건이 양호한 640km 구간은 땅속에 송유관을 파묻는 방식을 선택하였다. 11km 구간은 송유관으로 인한 영향이 심각한 곳이므로 송유관 주변 지반을 냉동시키는 시설도 함께 설치하였다. 또한 지진에 따른 파이프의 파괴를 방지하기 위해 이동 레일 위로 지그재그 방식으로 파이프를 배치하여 지진 진동이 발생할 경우 파이프가 유연하게 움직이도록 설계하였다.

영구 빙토의 경우 저온에서 흙이 수분을 함유한 채로 굳어 있으며, 계절에 따라 해동될 경우 침하가 발생하고, 재동결될 경우 지반의 융기가 발생하여 도로등이 변형 및 파괴되는 현상이 관찰된다(그림 10.18). 따라서 암석과 흙의 저온 상태에서의 공학적 특성을 분석하고 이에 대한 공학적 설계를 선택해야 한다.

그림 10.18 지반의 동결-융해가 반복되며 발생한 도로의 변형

또한 트랜스 알라스카 파이프라인이 지나는 곳은 빙하 지형이 발달한 계곡 부분의 사면의 불안정이 자주 나타나고 있어 사면 안정화 작업이 필수적이다(그림 10.19).

그림 10.19 빙하 지형에 나타나는 사면 불안정성

· 참고문헌 ·

서울특별시, 1996, 지반조사편람(시안), 119p.

손호웅 외, 2000, 지반환경물리탐사, 시그마프레스, 751p.

한국암반공학회, 1999, 지반조사 및 시험기술, 799p.

American Geological Institute, 1982, AGI Data Sheets for Geology in the Field, Laboratory, and Office.

Barton, N. and Choubey, V., 1977, "The shear strength of rock joints in theory and practice," Rock Mechanics, Vol. 10, No. 1, 1~54pp.

Bell, F. G., 1993, Engineering Geology, Blackwell Scientific Publications, 359p.

Das, B. M., 1984, Principles of Foundation Engineering, PWS Engineering, 595p.

Das, B. M., 2007, Principles of Geotechnical Engineering, Thomson, 417p.

Dobrin, M. B., 1976, Introduction to Geophysical Prospecting, 3rd ed., McGraw-Hill, Inc., 630p.

Gere J. M. and Timishenko, S. P., 1990, Mechanics of Materials, PWS-KENT Publishing Company, Boston, 807p.

Hoek, E. & Bray, J.W., 1981, Rock Slope Engineering, 3rd ed., The Institute of Mining and Metallurgy, London, 358p.

Hoek, E. & Brown, E. T., 1980, Underground Excavations in Rock, Institution of Mining and Metallurgy, 527p.

ISRM, 1981, Rock Characterization Testing and Monitoring, Brown, (E. T. Brown, ed.), Pergamon Press, 211p.

Priest, S.D., 1985, Hemispherical Projection Methods in Rock Mechanics, George

Allen & Unwin, London, 124p.

Rahn, P. H., 1996, Engineering Geology : An Environmental Approach, 2nd ed., Prentice Hall, 657p.

Serafim, J. L. & Pereira, J. P., 1983, "Consideration of the Geomechanical Classification of Bieniawski," Proceedings, Int. Symp. on Engineering Geology and Underground Construction, Lisbon, 1(11), 33～44pp.

Terzaghi, K., 1946, Introduction to Tunnel Geology: Rock Tunneling with Steel Supports, 17～19pp.

Todd, D. K., 1980, Groundwater Hydrology, 2nd ed., John Wiley & Sons, 535p.

Twiss, R. J. & Moores, E. M., 2007, Structural Geology, W. H. Freeman and Company, 736p.

저자
소개

백환조 | 강원대학교 공과대학 에너지·자원공학과 교수
미국 University of Texas at Austin 졸업(토목지질공학 박사)
서울대학교 대학원 자원공학과 졸업(석사)
서울대학교 공과대학 자원공학과 졸업(학사)

박형동 | 서울대학교 에너지시스템공학부 교수
영국 Imperial College 졸업(지질공학 박사)
서울대학교 대학원 자원공학과 졸업(석사)
서울대학교 공과대학 자원공학과 졸업(학사)

여인욱 | 전남대학교 지구환경과학부 교수
영국 Imperial College 졸업(공학박사)
서울대학교 대학원 자원공학과 졸업(석사)
인하대학교 공과대학 자원공학과 졸업(학사)

지질공학
Geological Engineering

초 판 발 행 2014년 2월 25일
초 판 2쇄 2021년 3월 31일

저   자 백환조, 박형동, 여인욱
펴 낸 이 김성배
펴 낸 곳 도서출판 씨아이알

편 집 장 박영지
책 임 편 집 김동희
디 자 인 안예슬, 윤미경
제 작 책 임 김문갑

등 록 번 호 제2-3285호
등 록 일 2001년 3월 19일
주   소 (04626) 서울특별시 중구 필동로8길 43(예장동 1-151)
전 화 번 호 02-2275-8603(대표)
팩 스 번 호 02-2265-9394
홈 페 이 지 www.circom.co.kr

I S B N 979-11-5610-032-4 93530
정   가 20,000원